现代智能控制实用技术丛书

Modern intelligent control practical technology Series

智能控制技术及其应用

苏遵惠　编著

机 械 工 业 出 版 社

《现代智能控制实用技术丛书》共分为四本，其内容按照信号传输的链条，即由传感器、调制与解调、信息的传输与通信技术和智能控制技术及其应用组成。

本书先对智能控制的概念展开详细的介绍，随后针对智能控制的综合应用进行举例。选取了比较典型的实例，例如，中小学校教室智能照明系统、医疗机构智能照明系统、城市道路和公路隧道照明智能控制系统、自动驾驶汽车的智能控制系统，以及人脸识别技术在智能控制领域的应用等。各个实例都对其技术指标、智能控制原则、需实现的控制功能及控制系统各部分的逻辑关系进行了详细说明。特别是对正在兴起的自动驾驶汽车智能控制一例，不仅描述了其基本概念，还从智能传感器的使用、配置及布局入手，介绍了其工作原理和关键控制技术。

本书可作为大专院校或高等院校智能控制类相关专业学生的参考书籍，也可供从事智能控制设计、制造及应用领域工作的工程技术人员作为参考资料。

图书在版编目（CIP）数据

智能控制技术及其应用 / 苏遵惠编著. --北京：机械工业出版社，2024. 12. --(现代智能控制实用技术丛书). -- ISBN 978 - 7 - 111 - 76782 - 4

Ⅰ. TP273

中国国家版本馆 CIP 数据核字第 2024BE0354 号

机械工业出版社（北京市百万庄大街 22 号　邮政编码 100037）

策划编辑：江婧婧　　　　责任编辑：江婧婧　翟天睿

责任校对：张爱妮　李　杉　　封面设计：王　旭

责任印制：张　博

北京建宏印刷有限公司印刷

2024 年 12 月第 1 版第 1 次印刷

169mm × 239mm · 12 印张 · 232 千字

标准书号：ISBN 978-7-111-76782-4

定价：89.00 元

电话服务　　　　　　　网络服务

客服电话：010-88361066　机　工　官　网：www. cmpbook. com

010-88379833　机　工　官　博：weibo. com/cmp1952

010-68326294　金　　书　　网：www. golden-book. com

封底无防伪标均为盗版　机工教育服务网：www. cmpedu. com

丛书序

自动控制、智能控制、智慧控制是相对AI控制技术的普遍话题。在当今的生产、生活和科学实验中具有重要的作用，这已是公认的事实。

在控制技术中离不开将甲地的信息传送到乙地，以便远程监测（遥测）、视频显示和数据记录（遥信）、状况或数据调节（遥调）和智能控制（遥控），统称为智能控制的四遥工程。

所谓信息，一般可理解为消息或知识，在自然科学中，信息是对这些物理对象的状态或特性的反映。信息是物理现象、过程或系统所固有的。信息本身不是物质，不具有能量，但信息的传输却依靠物质和能量。而信号则是信息的某种表现形式，是传输信息的载体。信号是物理性的，并且随时间而变化，这是信号的本质所在。

一般说来，传输信息的载体被称为信号，信息蕴涵在信号中。例如，在无线电通信中，电磁波信号承载着各种各样的信息。所以信号是有能量的物质，它描述了物理量的变化过程，在数学上，信号可以表示为关于一个或几个独立变量的函数，也可以表示随时间或空间变化的图形。实际的信号中往往包含着多种信息成分，其中有些是我们关心的有用信息，有些是我们不关心的噪声或冗余信息。传感器的作用就是把未知的被测信息转化为可观察的信号，以提取所研究对象的有关信息。

为达到以上目的，必须将原始信息进行必要的处理再转换成信号。诸如信息的获得，将无效信息进行过滤，将有效信息转换成便于传输的信号，或放大为必要的电平信号；或将较低频率的原始信息“调制”为较高频率的信号；或为了满足传输，特别是远距离传输的要求，将原始模拟信息进行数字化处理，使其成为数字信号等。这就是智能控制发送部分的“职责”——信息的收集与调制。

然后，将调制后的信号置于适用的、所选取的传输通道上进行传输，使调制后的信号传输至信宿端——乙地。当然，调制后的信号在传输过程中由于受到传输线路阻抗的作用，使信号衰减；或受到外界信号的干扰而使信号畸变，则需要在经过一段传输距离后，进行必要的信号放大和（或）信号波形整形，即加入所谓的“再生中继器”，对信号进行整理。

在乙地接收到经传输线路传送来的信号后，一般都需要进行必要的“预处理"——信号的放大或（和）波形整形，然后进行调制器的反向操作"解调"，即将高频信号或数字信号还原成原始信息。将原始信息通过扬声器（还原的音频信号）、显示器（还原的图像或视频信号）、打印（还原的计算结果）或进行力学、电磁学、光学、声学等转换，对原始信息控制目的物进行作用，从而达到智能控制的目的。

本套丛书就是对智能控制系统中各个环节的一些关键技术的原理、特性、基本计算公式和方法、基本结构的组成、各个部分参数的选取，以及主要应用场合及其优势和不足等问题进行讨论和分析。

智能控制系统的主要部分在于：原始信息的采集和有效信息的获取——"传感器"，也被称作"人类五官的延伸"；将原始信息转换成传输线路要求的信号形式——"调制器"，也是门类最多、计算较为复杂的部分；传输线路技术——诸如有线通信的"载波通信线路技术""电力载波通信线路技术""光纤通信线路技术"，无线通信的"微波通信技术""可见光通信技术"及近距离、小容量的"微信通信技术""蓝牙通信技术"等。还包括未来的通信技术——"量子通信技术"等，对其基本原理、基本结构、主要优缺点、适用场合及整体信息智能控制系统做一些基础性、实用性的技术介绍。

对于信息接收端，主要工作在于对调制后的信号进行"解调"，当然包括对接收到的调制信号的预处理，并按照信号的最终控制目的，将信号进行逆向转换成需要的信息，使之达到远程监测、视频显示和数据记录、状况或数据调节和智能控制的目的。

本套丛书则沿着"有效信息的取得""有效信息的调制""调制信号的传输""调制信号的解调"以及"智能控制系统的举例应用"这一线索展开，对比较典型的智能控制系统，应用于实践的设计计算及控制的逻辑关系进行举例论述。

本套丛书分为四本，包括《传感技术与智能传感器的应用》《信号的调制与解调技术》《信息的传输与通信技术》和《智能控制技术及其应用》。

本套丛书对于现代智能控制实用技术不能说是"面面俱到"，但基本技术链条比较齐全，涉及面也比较广，但也很可能挂一漏十。书中的主要举例都是作者在近三十多年的实践中，通过学习、设计、实验、制造、使用中得到验证的智能控制范例。可以将本套丛书用于对智能控制基础知识的学习，作为基本智能控制系统设计的参考。本套丛书虽然经历了十多年的知识积累，但仍然觉得时间仓促，加之水平有限，错误与疏漏之处在所难免，恳请读者批评指正。

苏遵惠

2024 年 5 月于深圳

前　言

本书从“控制”的概念出发，从传统的人工控制到自动控制，直至随着科技发展出现的现代智能控制，介绍了它们的概念、主要控制方法及控制系统的基本结构、特点和发展状况。特别是我国在智能控制领域的发展历程和至今所取得的丰硕成果，同时还分析了在发展中尚存在的不足，以及根据科技、工业、航空等飞速发展的需要，世界其他国家和我国智能控制的发展趋势。

本书还分别介绍了现代智能控制技术中，常用的、正在研发的和有待进一步研究的新型智能控制方法和手段，特别是通过人工智能的开发、统筹学等数学概念的引入，以及与人的思维模式、医学、生物学等跨学科的结合，在各种科技方法之间产生相互融合，使智能控制进入了一个崭新的高水平发展阶段。例如，将强化学习、专家的智慧和经验及模糊化等理论引入智能控制系统；将生物学、医学中的遗传优化控制、进化论控制、人工神经网络控制及人工免疫控制等的概念与计算机技术有机结合，形成了许多以往难以想象的控制系统，为智能控制描绘出了一幅幅美好的前景。

本书列举了中小学校教室智能照明系统、医疗机构智能照明系统、城市道路和公路隧道照明智能控制系统、自动驾驶汽车的智能控制系统，以及人脸识别技术在智能控制领域的应用等实例。各个实例都对其技术指标说明、智能控制原则、需实现的控制功能及控制系统各部分的逻辑关系进行了详细说明。特别是对正在兴起的自动驾驶汽车智能控制一例，不仅描述了其基本概念，还从智能传感器的使用、配置及布局入手，介绍了其工作原理和关键控制技术。

尽管在编写本书时努力克服知识面和视野的局限性，但由于水平所限，难免存在不足和疏漏之处。因此，请读者给予宝贵的意见和建议。

苏遵惠

2024 年 7 月于深圳

目 录

第一章 绪论

第一节 控制的分类

一、按照控制的自动化程度分类

（一）人工控制

1. 人工控制简介

定义：人工控制（manual control）是人需要实时监控整个系统并做出必要的决定，从而控制整个过程处于期望的状态。例如，人的加入使整个系统形成闭环，并完成测量值、期望条件和最终控制单元的反馈行为三者之间的连接。

在工业生产过程或生产设备运行中，为了维持正常的工作条件，往往需要对某些物理量（如温度、压力、流量、液位、电压、位移、转速等）进行控制，使其尽量维持在某个数值附近，或使其按一定规律变化。要满足这种需要，就要对生产机械或设备进行及时的操作和控制，以抵消外界的扰动和影响。这种操作和控制，既可用人工操作来完成，又可用自动装置的操作来完成，前者称为人工控制或手动控制，后者称为自动控制。

按照《现代汉语词典》的解释，控制是掌握对象不使其任意活动或超出范围，或使其按控制者的意愿活动。

控制由人来操作，即为人工控制。在生产生活中有很多需要控制的事物，如在冬季，送风经加热器加热后送往恒温室。为保证恒温室温度符合要求，操作人员要随时观察温度计的读数指示值，并随时做出判断，决定如何操作加热阀门，然后手动调节加热阀门的开度，以满足室内温度恒定。在此控制过程中，操作者的工作可分解为三步：

1）测量：观看温度计检测的房间温度值；

2）比较：判断当前房间温度实际测量值和理想温度值是否相等，思考是否需要进行阀门操作及如何操作；

3）执行：根据思考结果进行阀门操作。

在这个控制过程中可以看到，人工控制室温就是通过操纵阀门的开度，使得室内的温度保持恒定。在这里，室内温度是被控变量，加热器的热流量是操纵变量。人用眼睛看到温度计显示的温度测量值，输入大脑并与给定的理想温度进行比较形成偏差信号，再根据偏差的大小判断需要增大阀门开度还是减小阀门开度，做出决定后输出控制信号，手动操纵阀门以提高或者降低送风的温度，从而使室内温度接近给定值。

2. 应用场合

人工控制广泛应用于小而简单的控制场合。相比自动控制系统而言，人工控制系统的初始投资相对较少，但其长期成本通常更高。由于操作员的领域、专长与水平的不同，以及控制过程中经常出现的异常情况，最终导致产品的一致性很难得到保证。除非将相当部分的功能自动化，否则人工的培训和管理成本同样不可忽视。大多数控制系统都经历过从人工控制到自动控制的过程。随着过程控制经验的逐渐积累，管理者逐步对控制系统进行改进，最终实现整个系统完全自动化。

在人工控制系统中，操作员必须同时完成误差检测和控制两项任务，但操作员对被控量的观察及控制难以保证一致性和可靠性。通过闭环系统和过程控制策略，可轻易消除人工控制的不足。在现实世界中，完美的人工控制结果几乎是不可能实现的，实际上在如今技术进步的条件下，也是没有必要的。在控制系统中，一定范围内的较小偏差是可以接受的。比如，一个温度为300℃的烤箱和一个温度为299.9℃的烤箱的烘烤效果几乎是一样的。多数情况下，我们都会受到传感器准确度和成本的限制，花费更高的成本来实现一些不必要的高精度是不值得的。

（二）自动控制

1. 自动控制简介

定义：自动控制（automatic control）是指在没有人直接参与的情况下，利用外加的设备或装置，使机器、设备或生产过程的某个工作状态或参数自动地按照预定的规律运行，自动控制是相对人工控制概念而言的。

自动控制的前提是没有人直接参与，利用外加的设备或装置对某种工艺或参数进行控制。自动控制技术的研究有助于将人类从复杂、危险、繁琐的劳动环境中解放出来，并大幅度提高控制效率。自动控制是工程科学的一个分支，它涉及利用反馈原理对动态系统的自动影响，以使得输出值接近目标值。

从方法的角度看，它以数学的系统理论为基础。如今所说的自动控制的是20世纪中叶产生的控制论的一个分支，其基础的结论是由诺伯特·维纳、鲁道夫·卡尔曼等人提出的。

2. 举例说明

自动控制室内温度的调节是一个简明易懂的例子，目的是把室内温度保持在一个定值 θ。如果采用自动控制，那么通过对传热阀门的调节，温度就会保持恒定。而如果采用人工控制，那么人们对温度变化的迟滞性，感觉的敏感性、准确性等都是难以控制的因素。

3. 自动控制的发展历史

最早的自动控制要追溯到我国古代的自动化计时器和漏壶、指南车，而自动控制技术的广泛应用则开始于欧洲的工业革命时期，英国人瓦特在发明蒸汽机的同时，应用反馈原理，于1788年发明了离心式调速器。当负载或蒸汽量供给发生变化时，离心式调速器能够自动调节进气阀的开度，从而控制蒸汽机的转速。

（1）从控制体系的进程来看

1）第一代过程控制体系，源于150多年前的基于5～13psi的气动信号标准的气动控制系统（Pneumatic Control System，PCS）。简单的就地操作模式，控制理论初步形成，但尚未有控制系统的完整概念。

2）第二代过程控制体系，即模拟控制系统（Analog Control System，ACS）是基于改变0～10mA或4～20mA的电流模拟信号予以电信号控制，这一明显的进步使其在整整25年内牢牢地统治了整个自动控制领域，它标志着电气自动控制时代的到来。控制理论有了重大发展，控制论的确立奠定了现代控制的基础。其中控制室的设立及控制功能分离的模式一直沿用至今。

3）第三代过程控制体系，即计算机控制系统（Computer Control System，CCS）。20世纪70年代开始，数字计算机的应用对控制系统产生了巨大的技术优势，人们在测量、模拟和逻辑控制领域率先使用，从而产生了第三代过程控制体系。这是自动控制领域的一次革命，它充分发挥了计算机的特长，于是人们普遍认为计算机能做好一切事情，自然而然地产生了被称为集中控制的中央控制计算机系统，需要指出的是，系统的信号传输大部分依然沿用4～20mA的模拟信号，但时隔不久人们就发现，随着控制的集中和可靠性方面的问题，失控的危险也增加了，稍有不慎就会使整个系统瘫痪。所以它很快发展成第四代的分布式控制系统。

4）第四代过程控制体系，即分布式控制系统（Distributed Control System，DCS）。随着半导体制造技术的飞速发展和微处理器的普遍使用，计算机技术的可靠性大幅度提升，目前普遍使用的是第四代过程控制体系（DCS），它的主要特点是整个控制系统不再是仅有一台计算机，而是由几台计算机和一些智能仪表和智能部件共同构成一个控制系统。于是分散控制成了最主要的特征。此外，另一个重要的发展是它们之间的信号传递也不仅仅依赖于4～20mA的模拟信号，而是逐渐地以数字信号来取代模拟信号。

5）第五代过程控制体系，即现场总线控制系统（Fieldbus Control System，FCS）。FCS 是从 DCS 发展而来的，就像 DCS 从 CCS 发展过来一样，技术上有了质的飞跃。从分散控制发展到现场总线控制。数据的传输采用总线方式，但是 FCS 与 DCS 的真正的区别在于 FCS 有更广阔的发展空间。传统的 DCS 技术水平虽然不断提高，但通信网络最低端只达到现场控制站一级，现场控制站与现场检测仪表、执行器之间的联系仍采用一对一传输的 4～20mA 模拟信号，成本高、效率低、维护困难，无法发挥现场仪表智能化的潜力，难以实现对现场设备工作状态的全面监控和深层次管理。所谓现场总线就是连接智能测量与控制设备的全数字式、双向传输、具有多节点分支结构的通信链路。简单地说，传统的控制是一条回路，而 FCS 是将各个模块，如控制器、执行器、检测器等挂在一条总线上来实现通信，当然传输的是数字信号。主要的总线有 Profibus（工业现场总线协议，为 Process Fieldbus 的缩写，是一种国际化的、开放的、不依赖于设备生产商的现场总线标准，广泛应用于制造业自动化、流程工业自动化和楼宇、交通、电力等其他工业自动化领域）和 LonWorks（一种用于自动化控制和监控系统的网络通信协议，由美国 Echelon 公司开发，广泛应用于建筑自动化、工业控制、交通信号控制等领域）。

（2）从时间轴来看

1）20 世纪 40 年代～20 世纪 60 年代初期。

发展的需求动力：市场竞争，资源利用，减轻劳动强度，提高产品质量，适应批量生产需要。

主要特点：此阶段主要为单机自动化阶段，主要特点是各种单机自动化加工设备慢慢出现，并不断扩大应用和向纵深方向发展。

典型成果和产品：硬件数控系统的数控机床。

2）20 世纪 60 年代中期～20 世纪 70 年代初期。

发展的需求动力：市场竞争加剧，要求产品更新快，产品质量高，并适应大中批量生产需要和减轻劳动强度。

主要特点：此阶段主要以自动生产线为标志，其主要特点是在单机自动化的基础上，各种组合机床、组合生产线出现，同时软件数控系统出现并用于机床，CAD、CAM 等软件开始用于实际工程的设计和制造中，此阶段硬件加工设备适合于大中批量的生产和加工。

典型成果和产品：用于钻、镗、铣等加工的自动生产线。

3）20 世纪 70 年代中期至今。

发展的需求动力：市场环境的变化，使多品种、中小批量生产中普遍性问题越发严重，要求自动化技术向其广度和深度发展，使其各相关技术高度综合，发挥整体最佳效能。

主要特点：自 20 世纪 70 年代初期，美国学者首次提出计算机集成制造（Computer Integrated Manufacturing，CIM）概念至今，自动化领域已发生了巨大变化，其主要特点是 CIM 已作为一种方法逐步被人们所接受。CIM 是一种实现集成的相应技术，把分散独立的单元自动化技术集成为一个优化的整体。对于企业来说，应根据需求来分析并克服现存的瓶颈，从而实现不断提高实力、竞争力的思想策略，而作为实现集成的相应技术，一般认为是数据获取、分配、共享，网络和通信，车间层设备控制器，计算机硬、软件的规范和标准等。同时，并行工程作为一种经营哲理和工作模式自 20 世纪 80 年代末期开始应用并活跃于自动化技术领域，将进一步促进单元自动化技术的集成。

典型成果和产品：计算机集成制造系统（CIMS），柔性制造系统（FMS）。

自动控制加工随着现代应用数学新成果的推出和电子计算机的应用，为适应宇航技术的发展，自动控制理论跨入了一个新阶段，即现代控制理论。主要研究具有高性能、高精度的多变量参数的最优控制问题，主要采用的方法是以状态为基础的状态空间法。目前，自动控制理论还在继续发展，正朝向以控制论，信息论，仿生学为基础的智能控制理论方向深入。

为了实现各种复杂的控制任务，首先要将被控制对象和控制装置按照一定的方式连接起来，组成一个有机的整体，这就是自动控制系统。在自动控制系统中，被控对象的输出量，即被控量是要求严格加以控制的物理量，它可以要求保持为某一恒定值，例如温度、压力或飞行航迹等；而控制装置则是对被控对象施加控制作用的机构的总体，它可以采用不同的原理和方式对被控对象进行控制，但最基本的一种是基于反馈控制原理的反馈控制系统。

在反馈控制系统中，控制装置对被控对象施加的控制作用取自被控量的反馈信息，用来不断修正被控量和控制量之间的偏差，从而实现对被控量进行控制的任务，这就是反馈控制的原理。

4. 自动控制的基本原理

在现代科学技术的众多领域中，自动控制技术发挥着越来越重要的作用。自动控制是指在没有人直接参与的情况下，利用外加的设备或装置（称控制装置或控制器），使机器、设备或生产过程（统称被控对象）的某个工作状态或参数（即被控制量）自动地按照预定的规律运行。

自动控制理论是研究自动控制共同规律的科学。它的发展初期是以反馈理论为基础的自动调节原理，主要用于工业控制，第二次世界大战期间为了设计和制造飞机及船用自动驾驶仪、火炮定位系统、雷达跟踪系统，以及其他基于反馈原理的军用设备，进一步促进并完善了自动控制理论的发展。

第二次世界大战后已形成完整的自动控制理论体系，这就是以传递函数为基础的经典控制理论，它主要研究单输入－单输出、线形定常数系统的分析和设计。

5. 自动化技术产生的价值

自动化技术的深入发展，促进了单元技术的不断综合，以计算机集成制造系统（Computer Integrated Manufacturing System，CIMS）为代表的未来工厂自动化技术正不断显示出其巨大的效益，以美国科学院根据对美国在 CIMS 方面较领先的五大公司的长期调查分析，认为采用先进自动化技术，如 CIMS 可以取得以下效果：

1）使产品质量提高了 200% ~500%；

2）使生产率提高了 40% ~70%；

3）使设备利用率提高了 200% ~300%；

4）使生产周期缩短了 30% ~60%；

5）使在制品减少了 30% ~60%；

6）使工程设计费用减少了 15% ~30%；

7）使人力费用减少了 5% ~20%；

8）工程师的工作能力提高了 300% ~350%。

由此可见，自动化技术的应用使其效益明显提高。

6. 自动控制的应用研究

自动控制技术的发展，从开始阶段直到形成一个控制理论，整个进程就是针对反馈控制系统它是由一个控制器和一个控制对象组成的，将这个控制对象的输出信号取出，并将其测量值与所要求的信号设定值进行比较，根据所产生的误差反馈给控制器，对系统内的工作进行调整，让控制器完成这个控制作用，使得这个偏差消除或者尽可能趋近所要求的信号值。控制对象的输出量一般来说都是一个物理量，例如，要控制一个机器的转速，就是需要把速度测量出来，将此速度与设定的标准速度进行比较，再用其差值去控制执行机构，从而实现对速度的自动控制。

7. 发展历程中的典型应用

其中的一个典型应用为瓦特的离心调速器，它是利用执行器中的两个飞球，当执行器转速偏高时，飞球向外张开，下面的套筒就往上升，由于套筒的移动带动执行机构反向动作，使速度降低，这就是瓦特最早的离心调速器。受到瓦特离心调速器的启发，当时带动了一系列典型的自动控制系统、控制方法和控制理论的发展，简述如下。

（1）调速器　实际上瓦特的离心调速器是受到 1788 年前后的风力磨坊的启发瓦特利用其控制原理改良了蒸汽机的转速。进入 20 世纪后出现了飞机，斯佩雷（Sperry）利用其原理发明了陀螺，他将陀螺做成一个自动驾驶仪。

（2）火力控制　1925—1940 年，美国的斯佩雷（Sperry）研制了防空火力控制（anti－aircraft）指挥仪。火控指挥仪是根据飞机的方位角、高低角、前置角来控制火炮的，当时的术语叫人工伺服，即通过指挥仪计算出炮弹飞到飞机时所需要的时间，从而调整引信定时器决定炮弹爆炸所需要的时间。所以需要高低角、前置角、方位角参数，再决定定时爆炸时间，将敌方飞机击中。

（3）指挥仪和伺服系统　到了1940年以后，火力控制系统由贝尔实验室的工程师帕金森（Parkinson）采用电位计控制的记录笔作为指挥仪控制火炮的发射，促进了自动控制技术的发展。

当硬盘驱动系统里的伺服系统高速旋转时，使定位可达到1μm的高准确度，促使其产量、利润大幅度提升。

（4）汽车防侧滑系统　汽车防侧滑系统的原理是通过ABS和ASR电子调节单元，按照车辆的车轮转速传感器发出的信号，通过计算和分析确定车轮的滑动率和车辆驾驶速度，电子调节单元通过调节节气门的开度和制动压力器来调节车轮的滑动率，避免车辆在驾驶的过程中出现侧滑的现象。但是，有些情况下需要关闭防侧滑系统，例如，车辆陷入泥潭或越野时，雨雪天遇到爬坡打滑时，车辆轮胎安装防滑链时，以及激烈驾驶或车辆漂移时。

（5）数学领域的判据　1877年，劳斯以行列式的形式完成了方程式根的性质的判据。1895年，胡尔维茨（Hurwitz）也在不同的情况下完成了方程式根的性质的判据，并应用于瑞士达沃斯电厂的一个蒸汽机调速系统的稳定性理论设计中。这被认为是真正将控制理论用于控制系统设计的第一个例子，现在已成为用于代数判据的理论基础。

（6）电子振荡器　负反馈是1927年由布莱克首先提出的，经过长期工作的积累，他研究了采用正反馈工作的电子振荡器。

（7）整定法的发明　尼可尔斯（Nichols）在20世纪40年代提出了PID的整定法，在控制理论的参数整定方面发明了PID的整定表，一直沿用至今。

（8）控制论的建立　我国的钱学森在1954年出版了《工程控制论》；苏联的鲁里叶（Lurie）在1951年出版的关于解决非线性的经典著作；波波夫（Popov）于20世纪40年代后期建立的绝对稳定性（后来称为超稳定性）理论成为非线性理论基础一直沿用至今。在这些理论的基础上逐步完善了现代控制理论。

在现代控制理论发展的势头上，1981年有人提出“这个理论没有鲁棒性”。经过20世纪80年代的论证，争议慢慢形成。为什么说这个理论没有鲁棒性？这个要从多变量系统说起，多变量系统实际上是多入多出系统，所以单提多变量并不恰当。多变量里有一个问题叫作耦合，就是输入、输出之间互相耦合。控制时，直观的要求就是要解耦控制，解耦控制之后就是一对一的输入、输出可以组成的反馈系统。

（9）解耦设计　解耦设计实际上是要求输入、输出之间一对一的对应关系，用术语而言就是响应特性。在应用中要与一个实际物理系统相连接，实际物理系统与数学模型无法完全契合，所以设计要允许这两者有差别，这个允许差别就叫作鲁棒性。因此鲁棒性不是一般数学问题，而是实际应用中提出来的问题，就是解决设计到底能不能用的问题。

奇异值、鲁棒稳定性的问题，经典的控制理论中的带宽、裕度问题，现代控制理论中的特征值、方差和范数问题，这些在线性二次高斯问题的最优控制（LQG 控制）中都属于现代控制理论的范畴，所采用的实际计算工具就是伯德（Bode）图、奈奎斯特图和尼可尔斯图。

（三）智能控制

1. 智能控制的基本概念

控制理论发展至今已有 100 多年的历史，经历了经典控制理论和现代控制理论的发展阶段，已进入大系统理论和智能控制理论阶段。

智能控制（intelligent controls）是在无人干预的情况下能自主驱动智能机器实现控制目标的自动控制技术。

自 1971 年以傅京孙教授为代表提出智能控制的概念以来，智能控制已经从二元论（人工智能和控制论）发展到四元论（人工智能、模糊集理论、运筹学和控制论），甚至多元论。在取得研究和应用成果的同时，智能控制理论也得到不断的发展和完善。智能控制是多学科的交叉学科系统，它的发展得益于人工智能、认知科学、模糊集理论和生物控制论等许多学科的发展，同时也促进了相关学科的发展。尽管其理论体系还远没有经典控制理论成熟和完善，但智能控制理论和应用研究所取得的成果显示出其旺盛的生命力，受到世界的特别关注。随着科学技术的发展，智能控制的应用领域将不断拓展，其理论和技术也必将得到不断的完善。

由于世界各国或各个科技领域发展的差异，智能控制无论在科技领域，还是在工程领域也出现了各自理解的概念和释义，得出了比较典型的几种定义。

定义一：智能控制是由智能机器自主地实现其控制目标的过程。而智能机器则定义为，在结构化或非结构化的，熟悉的或陌生的环境中，自主地或与人交互地执行人类规定的任务的一种机器。

定义二：K. J. 奥斯托罗姆则认为：把人类具有的直觉推理和试凑法等智能加以形式化或机器模拟，并用于控制系统的分析与设计中，使之在一定程度上实现控制系统的智能化，这就是智能控制。他还认为自调节控制、自适应控制就是智能控制的低级体现。

定义三：智能控制是一类无需人的干预就能够自主地驱动智能机器实现其目标的自动控制，也是用计算机模拟人类智能的一个重要领域。

定义四：智能控制实际只是研究与模拟人类智能活动及其控制与信息传递过

程的规律，研制具有仿人智能的工程控制与信息处理系统的一个新兴分支学科。

2. 智能控制的产生及发展进程

自1932年奈奎斯特（H. Nyquist）的有关反馈放大器稳定性论文发表以来，控制理论的发展已走过了60多年的历程。

一般认为，前30年是经典控制理论的发展和成熟阶段，后30年是现代控制理论的形成和发展阶段。随着研究的对象和系统越来越复杂，借助于数学模型描述和分析的传统控制理论已难以解决复杂系统的控制问题。智能控制是针对控制对象及其环境、目标和任务的不确定性和复杂性而应运而生的。

从20世纪60年代起，计算机技术和人工智能技术迅速发展，为了提高控制系统的自学习能力，控制界学者开始将人工智能技术应用于控制系统。

1965年，美籍华裔科学家傅京孙教授首先把人工智能的启发式推理规则用于学习控制系统，1966年，Mendel进一步在空间飞行器的学习控制系统中应用了人工智能技术，并提出了“人工智能控制”的概念。

20世纪70年代初，傅京孙、Glofiso和Saridis等学者从控制论角度总结了人工智能技术与自适应、自组织、自学习控制的关系，提出了智能控制就是人工智能技术与控制理论的交叉的思想，并创立了人机交互式分级递阶智能控制的系统结构。

20世纪70年代中期，以模糊集合论为基础，智能控制在规则控制研究上取得了重要进展。1974年，Mamdani提出了基于模糊语言描述控制规则的模糊控制器，将模糊集和模糊语言逻辑用于工业过程控制，之后又成功地研制出自组织模糊控制器，使得模糊控制器的智能化水平有了较大提高。模糊控制的形成和发展，以及与人工智能的相互渗透，对智能控制理论的形成起了十分重要的推动作用。

20世纪80年代，专家系统技术的逐渐成熟及计算机技术的迅速发展，使得智能控制和决策的研究也取得了较大进展。1986年，K. J. Astrom发表的论文《专家控制》中，将人工智能中的专家系统技术引入控制系统，组成了另一种类型的智能控制系统——专家控制。目前，专家控制方法已有许多成功应用的实例。

3. 智能控制理论的建立

对许多复杂的系统，难以建立有效的数学模型并用常规的控制理论进行定量计算和分析，而必须采用定量方法与定性方法相结合的控制方式。定量方法与定性方法相结合的目的是要由机器用类似于人的智慧和经验来引导求解过程。因此，在研究和设计智能系统时，主要注意力不应该放在数学公式的表达、计算和处理方面，而是要放在对任务和现实模型的描述，对符号和环境的识别，以及知识库和推理机的开发上，即智能控制的关键问题不是设计常规控制器，而是研制智能机器的模型。

此外，智能控制的核心在高层控制，即组织控制。高层控制是对实际环境或过程进行组织、决策和规划，以实现问题求解。为了完成这些任务，需要采用符号信息处理、启发式程序设计、知识表示、自动推理和决策等相关技术。这些问题的求解过程与人脑的思维过程有一定的相似性，即具有一定程度的“智能”。

随着人工智能和计算机技术的发展，已经有可能把自动控制和人工智能及系统科学中一些有关学科分支（如系统工程、系统学、运筹学、信息论等）结合起来，建立一种适用于复杂系统的控制理论和技术。智能控制正是在这种条件下产生的。它是自动控制技术进一步发展的阶段，也是用计算机模拟人类智能进行控制的研究领域。1965 年，傅京孙首先提出把人工智能的启发式推理规则用于控制系统的学习。1985 年，在美国首次召开了智能控制学术讨论会。1987 年又在美国召开了智能控制的首届国际学术会议，标志着智能控制作为一个新的学科分支得到承认。智能控制具有交叉学科，以及定量与定性相结合的分析方法和特点。并且，一个系统如果具有感知环境、不断获得信息以减小不确定性，以及计划、产生和执行控制行为的能力，具有类似人的大脑的实时推理、决策、学习和记忆等功能，即认为该系统为智能控制系统。

智能控制与传统的或常规的控制有着密切的关系，常规控制往往包含在智能控制之中，智能控制也可以利用常规控制的方法来解决“低级”的控制问题，通过扩充常规控制方法并建立一系列新的理论与方法可以解决更具有挑战性的复杂控制问题。二者的相关性与差异性如下。

1）传统的控制建立在确定的模型基础上，而智能控制的研究对象则存在模型严重的不确定性，即模型未知或知之甚少，模型的结构和参数在很大的范围内发生变动，例如工业过程的病态结构问题、某些干扰无法预测，致使无法建立其模型，这些问题对基于模型的传统自动控制来说很难解决。

2）传统控制系统的输入或输出设备与人及外界环境的信息交换很不方便，希望制造出能接受印刷体、图形甚至手写体和口头命令等形式的信息输入装置，能够更加深入而灵活地和系统进行信息交流，同时还要扩大输出装置的能力，能够用文字、图纸、立体形象、语言等形式输出信息。另外，通常的控制装置不能接受、分析和感知各种看得见、听得着的形象、声音的组合以及外界其他的情况。为扩大信息通道，就必须给控制装置安装能够以机械方式模拟各种感觉的精确的送音器，即文字、声音、物体识别装置。近年来计算机及多媒体技术的迅速发展，为智能控制在这一方面提供了物质上的准备，使智能控制变成了多方位“立体”的控制系统。

3）传统的控制系统对控制任务的要求，要么使输出量为定值（调节系统），要么使输出量跟随期望的运动轨迹（跟随系统）变化，因此具有控制任务单一性的特点，而智能控制系统的控制任务可以比较复杂，例如在智能机器人系统中，它要求系统对一个复杂的任务具有自动规划和决策的能力，有自动躲避障碍物的运动功能等。对于这些具有复杂的任务要求的系统，采用智能控制的方式便可以实现。

4）传统的控制理论对线性问题有较成熟的理论系统，而对高度非线性的控制对象虽然有一些非线性方法可以利用，但效果不尽如人意。而智能控制为解决这类复杂的非线性问题找到了一条出路，成为解决这类问题行之有效的途径。工业过程智能控制系统除具有上述几个特点外，又有另外一些特点，如被控对象往往是动态的，而且控制系统在线运动，一般要求有较高的实时响应速度等，恰恰是这些特点又决定了它与其他智能控制系统如智能机器人系统、航空航天控制系统、交通运输控制系统等的区别，决定了它的控制方法以及形式具有独特之处。

5）与传统控制系统相比，智能控制系统具有足够的关于人的控制策略、被控对象和环境相关的知识，并具备运用这些知识的能力。

6）与传统控制系统相比，智能控制系统能以知识表示非数学广义模型，以数学表示混合控制过程，采用开闭环控制和定性及定量控制结合的多模态控制方式。

7）与传统控制系统相比，智能控制系统具有变结构特点，能总体自寻优，具有自适应、自组织、自学习和自协调能力。

8）与传统控制系统相比，智能控制系统有补偿及自修复能力和判断决策能力。

总之，智能控制系统通过智能机自动地完成其目标的控制过程，其智能机可以在熟悉或不熟悉的环境中自动地或人—机交互地完成拟人任务。

4. 智能控制器的发展

智能控制器是以自动控制技术和计算机技术为核心，集成微电子技术、电力电子技术、信息传感技术、显示与界面技术、通信技术、电磁兼容技术等诸多技术而形成的高科技产品。作为核心和关键部件，智能控制器内置于设备、装置或系统之中，扮演“神经中枢”及“大脑”的角色。

20世纪90年代中期之后，智能控制器行业日益成熟，作为一个独立的行业，其发展受到了双重动力的驱动：其一是市场驱动，市场需求的增长和市场应用领域的持续扩大，致使智能控制器至今已经在工业、农业、家用、军事等相当广泛的领域中得到了应用；其二是科技驱动，随着相关科学技术领域日新月异的发展，智能控制器行业作为新兴的高科技行业得到了飞速发展。

2012年全球智能控制器行业市场规模已达到6800亿美元。从地域分布上看，欧洲和北美市场是智能控制产品的两大主要市场，市场规模占全球智能控制市场的56%，由于这两大区域在生活电器、汽车、电动工具等领域的市场发展日趋成熟，产品普及率高。

智能控制产品在中国等发展中国家的应用仍处于初始或发展阶段，市场规模还不大，但是增长速度较快，拥有巨大的发展空间。目前，我国智能控制器行业自2004年以来，年均增长率接近20%。汽车电子和大型生活电器是我国智能控制产品主要应用领域，市场占有率分别为31%和10%左右。小型生活电器产品种类众多，目前正处于高速发展阶段，市场空间巨大。特别是电动汽车、自动驾驶汽车、智能建筑及家居等新兴领域的崛起，将带动智能控制器需求的快速增长。

智能控制器行业由于下游厂商需求分散造成了产品差异较大、产能较分散，因此全球智能控制器行业总体集中度较低。

5. 智能控制的主要特点

智能控制系统同时具有以知识表示的非数学广义模型和以数学模型表示的混合过程，也往往是那些含有复杂性，不完全性，模糊性或不确定性以及不存在已知算法的非数学过程，并以知识进行推理，以启发引导求解过程。

6. 智能控制的结构理论

智能控制（Intelligence Control，IC）的结构理论包括：$IC = AI \cap AC \cap OR$，$\cap$表示交集。

1）人工智能（Artificial Intelligence，AI）：是一个知识处理系统，具有记忆、学习、信息处理、形式语言、启发式推理等功能；

2）自动控制（Automatic Control，AC）：描述系统的动力学特性，是一种动态反馈；

3）运筹学（Operation Research，OR）：是一种定量优化方法，如线性规划、网络规划、调度、管理、优化决策和多目标优化方法等；

4）智能控制的结构理论：智能控制就是应用人工智能的理论与技术和运筹学的优化方法，并将其同控制理论方法与技术相结合，在未知环境下，效仿人的智能，实现对系统的控制。

可见，智能控制代表着自动控制学科发展的最新进程。

7. 智能控制研究对象的特点

智能控制的研究对象具备以下的一些特点：

1）不确定性的模型：智能控制的研究对象通常存在严重的不确定性。这里所说的模型不确定性包含两层意思：一是对模型未知或知之甚少；二是模型的结构和参数可能在很大范围内发生变化。

2）高度的非线性：对于具有高度非线性的控制对象，采用智能控制的方法往往可以较好地解决非线性系统的控制问题。

3）复杂的任务要求：对于智能控制系统，任务的要求往往比较复杂。

8. 智能控制系统应用场合

1）应用的实际系统由于存在复杂性、非线性、时变性、不确定性和不完全性等，一般无法获得精确的数学模型。

2）应用传统控制理论进行控制必须提出并遵循一些比较苛刻的线性化假设，而这些假设在应用中往往与实际情况不相吻合。

3）对于某些复杂的和包含不确定性的控制过程，根本无法用传统数学模型来表示，即无法解决建模问题。

为了提高控制性能，传统控制系统可能变得很复杂，从而增加了设备的投资，减低了系统的可靠性。

9. 智能控制在各行业中的应用案例

（1）工业过程中的智能控制　生产过程的智能控制主要包括两个方面：局部级和全局级。局部级的智能控制是指将智能引入工艺过程中的某一单元进行控制器设计，例如智能 PID 控制器、专家控制器、神经元网络控制器等。研究热点是智能 PID 控制器，因为其在参数的整定和在线自适应调整方面具有明显的优势，且可用于控制一些非线性的复杂对象。全局级的智能控制主要针对整个生产过程的自动化，包括整个操作工艺的控制、过程的故障诊断、规划过程操作处理异常等。

（2）机械制造中的智能控制　在现代先进制造系统中，需要依赖那些不够完备和不够精确的数据来解决难以预测或无法预测的情况，人工智能技术为解决这一难题提供了有效的解决方案。智能控制随之也被广泛地应用于机械制造行业，它利用模糊数学、神经网络的方法对制造过程进行动态环境建模，利用传感器融合技术来进行信息的预处理和综合。可采用专家系统的“Then－If”逆向推理作为反馈机构，修改控制机构或者选择较好的控制模式和参数。利用模糊集合和模糊关系的鲁棒性，将模糊信息集成到闭环控制的外环决策选取机构来选择控制动作。利用神经网络的学习功能和并行处理信息的能力，进行在线的模式识别，处理那些可能残缺不全的信息。

（3）电力电子学研究领域中的智能控制　电力系统中发电机、变压器、电动机等电机电气设备的设计、生产、运行、控制是一个复杂的过程，国内外的电气工作者将人工智能技术引入到电气设备的优化设计、故障诊断及控制中，取得了良好的控制效果。遗传算法是一种先进的优化算法，采用此方法来对电气设备的设计进行优化，可以降低成本，缩短计算时间，提高产品设计的效率和质量。应用于电气设备故障诊断的智能控制技术有模糊逻辑、专家系统和神经网络。在电力电子学的众多应用领域中，智能控制在电流控制 PWM 技术中的应用是具有代表性的技术应用方向之一，也是研究的新热点之一。

二、按照控制的信号反馈分类

按照控制结果的信号是否反馈分为开环控制和闭环控制两类。

（一）开环控制

1. 开环控制简介

定义：开环控制（open－loop control）系统即为不将控制结果反馈回来影响当前控制的系统。

2. 应用举例

（1）打开灯的开关　按下开关后的一瞬间，控制活动已经结束，灯是否亮起对按开关的这个活动没有影响。

（2）篮球的投篮　篮球出手后，就无法再继续对其进行控制，无论球进与否，球出手的一瞬间控制活动即结束。

很显然，其特点为不将控制的结果反馈到原来的信息输入端，其控制系统结构以电饭煲控制为例，如图 1-1 所示。

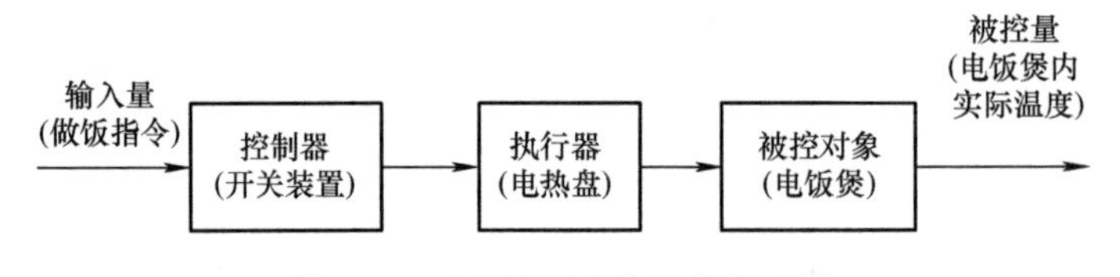

图 1-1　开环控制系统结构示意图

（二）闭环控制

1. 闭环控制简介

定义：闭环控制（closed－loop control）是控制论的一个基本概念，也称作反馈控制，指作为被控的输出量以一定方式返回到作为控制的输入端，并对输入端施加控制影响的一种控制关系。

闭环控制是带有反馈信息的系统控制方式，当操作者启动系统后，通过系统运行将控制信息传递给受控对象，并将受控对象的状态信息反馈到输入中，以修正操作过程，使系统的输出符合预期要求。闭环控制是一种比较灵活、工作效率较高的控制方式，工业生产中的多数控制都采用闭环控制的方式。

闭环控制是根据控制对象输出反馈来进行校正的控制方式，它是在测量出实际与计划发生偏差时，按定额或标准来进行纠正。闭环控制是从输出量变化取出控制信号作为比较量并反馈给输入端控制输入量，一般这个取出量和输入量相位相反，所以叫负反馈控制，自动控制通常是闭环控制。

2. 闭环控制原理

闭环控制中，当受控客体受干扰的影响，其实现状态与期望状态出现偏差时，控制主体将根据这种偏差发出新的指令，以纠正偏差，抵消干扰的作用。在闭环控制中，由于控制主体能根据反馈信息发现和纠正受控客体运行的偏差，所以有较强的抗干扰能力，能进行有效的控制，从而保证预定目标的实现。管理中所实行的控制大多是闭环控制，所用的控制原理主要是反馈原理，其原理图如图 1-2 所示，控制系统结构仍以电饭煲为例，其示意图如图 1-3 所示。

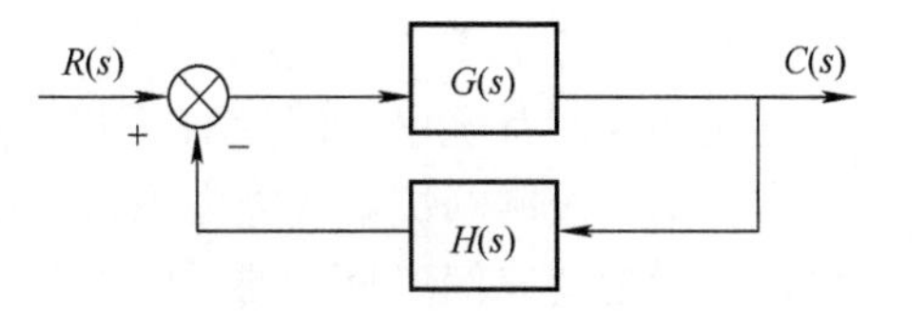

图 1-2　闭环控制系统原理图

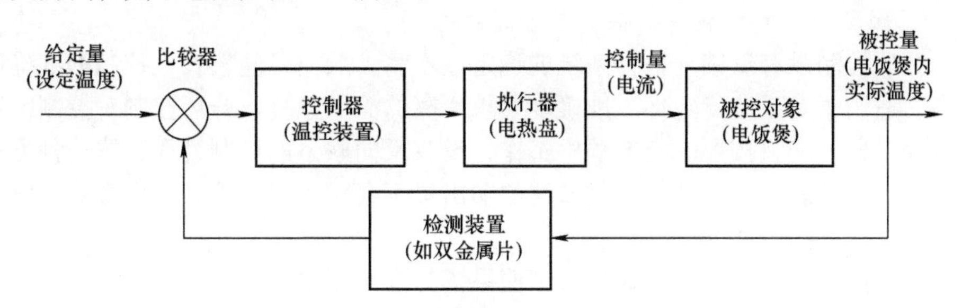

图 1-3　闭环控制系统结构示意图

3. 应用举例

在发动机电喷系统中，其闭环控制是一个实时的氧气含量传感器、计算机和燃油量控制装置三者之间的关系。氧传感器“告诉”计算机混合气的空燃比（空气/燃油比）情况，计算机发出命令给燃油量控制装置，向理论值的方向调整空燃比（如 14.7:1）。这一调整经常会超过一点理论值，氧传感器察觉出来，并报告计算机，计算机再发出命令将空燃比调回到 14.7:1。因为每一个调整的循环都很快，所以空燃比不会偏离 14.7:1，一旦运行，这种闭环调整就持续不断。采用闭环控制的电喷发动机能使发动机始终在较理想的工况下运行（空燃比偏离理论值不会太多），从而能保证汽车不仅具有较好的动力性能，还能节省燃油。

4. 基本表现形式

正反馈与负反馈是闭环控制中常见的两种基本反馈形式，其中负反馈与正反馈从达到目的的角度讲具有相同的意义。

从反馈实现的具体方式来看，正反馈与负反馈属于代数或者算术意义上的加减反馈方式，即输出量回馈至输入端后，和输入量进行加减的统一性整合后，作为新控制输出，去进一步控制输出量。实际上，输出量对输入量的反馈远不止这些方式，表现为运算上不仅仅是加减运算，还包括了更广域的数学运算；而在回馈方式上，输出量对输入量的反馈，也不一定采取和输入量进行综合运算形成统一的控制输出，输出量能通过控制链直接施控于输入量等。

5. 闭环控制的抗干扰能力

在闭环控制系统里，即使有干扰，系统也能通过自己的调节保持原来的状态。实施闭环控制的抗干扰能力来自反馈作用。因为在组织形式上增设了一个反馈机构，能把造成偏离目标的原因以及一贯干扰的因素及时地反馈给控制单元，使决策控制层做出正确的判断与决策，并随时修正控制目标。

闭环控制的优点是充分发挥了反馈的重要作用，排除了难以预料或不确定的因素，使校正行动更准确、更有力，但它缺乏开环控制具有的预防性，如在控制过程中造成不利的后果之后才采取纠正措施。

6. 闭环控制的扩展——半闭环控制系统

开环控制没有反馈环节，系统的稳定性不高，响应时间较长，控制的准确度不高，适用于对系统稳定性、准确度要求不高的简单系统。开环控制对控制装置与被控对象之间只按照既定的顺序工作，没有反向联系的控制过程，按这种方式组成的开环控制系统，其特点是系统的输出量不会对系统的控制产生影响，没有自动修正或补偿的能力。

闭环控制有反馈环节，通过反馈使系统的准确度提高，响应时间缩短，适用于对系统的响应时间和稳定性要求高的系统。

半闭环控制系统是在开环控制系统的伺服机构中装有角位移检测装置，通过检测伺服机构的转角，间接检测移动部件的位移，然后反馈到数控装置的比较器中，与输入原指令位移值进行比较，用比较后的差值进行控制，使移动部件补充位移，直到差值消除为止的控制系统。这种伺服机构所能达到的准确度、速度和动态特性优于开环伺服机构，为大多数中小型数控机床所采用。

7. 开环与闭环系统的对比

开环控制一般是在瞬间就完成的控制活动，闭环控制一定会持续一定的时间，可以以此进行判断。

图 1-4 所示为采用单片机的电动机闭环控制系统框图。

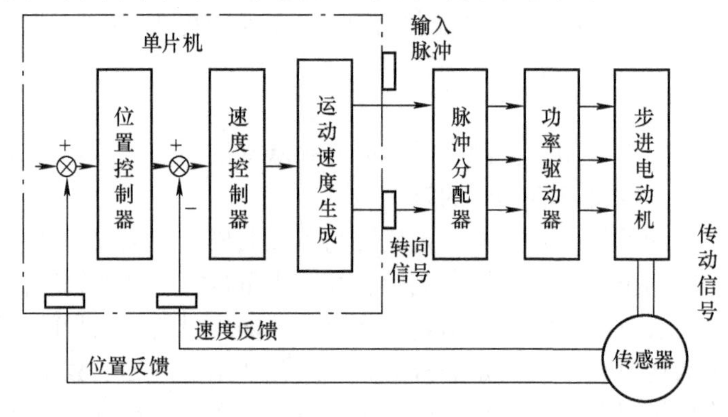

图 1-4　采用单片机的电动机闭环控制系统框图

（三）关于鲁棒性和鲁棒控制

鲁棒是“Robust”的音译，原意是“健壮和强壮”的意思。鉴于鲁棒性的词义不易理解，故“robustness”又被译成“抗变换性”。

1. 基本概念

定义：鲁棒性指的是系统、模型或算法在面对输入数据、环境或参数的扰动时，仍能保持其性能的稳定性和可靠性的能力。简单来说，就是系统或算法对于各种变化或干扰的抵抗能力。

鲁棒性强调系统在面对异常和危险情况时的生存能力。例如，计算机软件在遇到输入错误、磁盘故障、网络过载或有意攻击时，能否保持正常运行而不死机或崩溃，这就是该软件的鲁棒性。在控制系统中，鲁棒性指的是在一定（结构、大小）的参数扰动下，维持其他某些性能的特性。根据对性能的不同定义，鲁棒性可分为稳定鲁棒性和性能鲁棒性。以闭环系统的鲁棒性作为目标设计得到的固定控制器称为鲁棒控制器。

提高系统或算法的鲁棒性可以通过多种方法实现，如增加训练数据的多样性、使用正则化技术、设计更复杂的模型结构等，这些方法有助于模型更好地泛化到未见过的数据，并提高其对输入扰动的抵抗能力。

在通信网络中，鲁棒性用以表征控制系统对特性或参数扰动的不敏感性。如图 1-5 所示，在实际通信网络中，由多系统组成的网络，系统特性或参数的扰动常常是不可避免的。产生扰动的原因主要有两个方面：其一，是由于测量的不准确，使特性或参数的实际值会偏离它的设计值（标称值）所致；其二，是系统运行过程中受环境因素的影响而引起特性或参数的缓慢漂移。

因此，在网络中进行鲁棒性设计是必要的，鲁棒性设计已成为控制理论中一个重要的研究课题，也是一切类型的控制系统的设计中必须考虑的一个基本问题。对鲁棒性的研究主要限于线性定常控制系统，所涉及的领域包括稳定性、无静差性、适应控制等。

图 1-6a 所示为标准化设计（modular sessions）的曲线，图 1-6b 所示为非对称设计（asymmetric sessions）的曲线；图 1-6c 所示为离开了例图的曲线；图 1-6d 所示为使例图不间断的曲线，即鲁棒后的曲线图。

2. 鲁棒性的工作原理

鲁棒性问题与控制系统的相对稳定性（频率域内表征控制系统稳定性裕量的一种性能指标）和不变性原理（自动控制理论中研究扼制和消除扰动对控制系统影响的理论）有着密切的联系。而内模原理（把外部作用信号的动力学模型植入控制器，构成高精度反馈控制系统的一种设计原理）的建立则对鲁棒性问题的研究起了重要的推动作用。

当系统中存在模型扰动或随机干扰等不确定性因素时，能保持其令人满意的

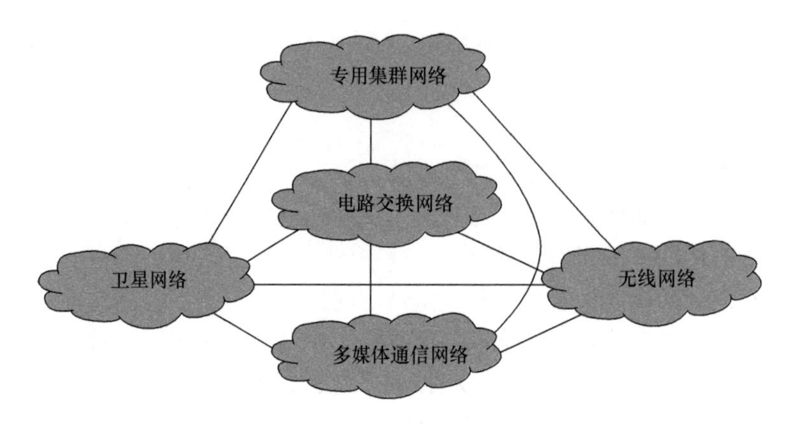

图 1-5　通信网络中鲁棒性设计的必要性

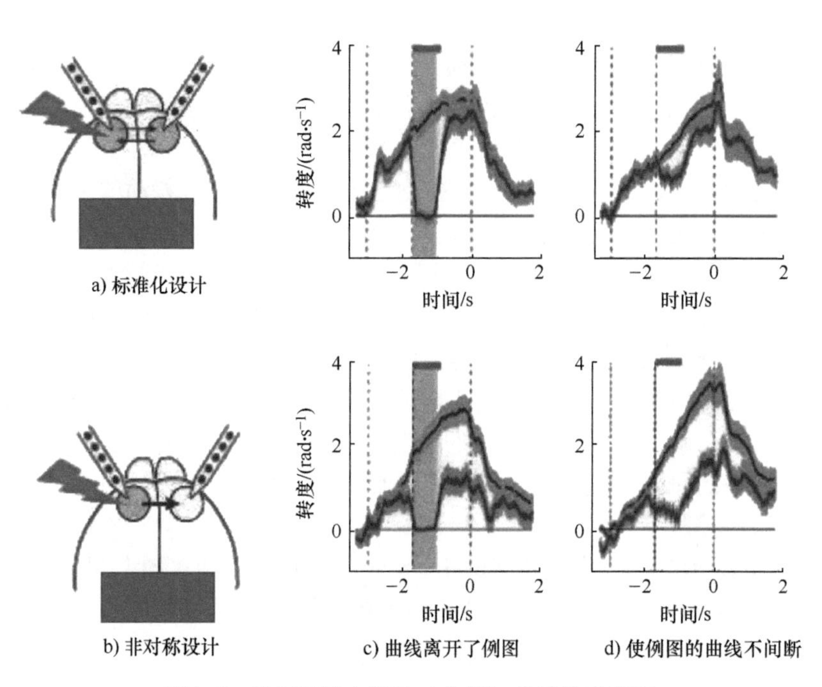

图 1-6　控制系统中信号（曲线）鲁棒性示意图

功能的控制理论和方法即为鲁棒控制。

早期的鲁棒控制主要研究单回路系统频率特性的某些特征，或基于小扰动分析上的灵敏度问题。现代鲁棒控制则着重研究控制系统中非微有界扰动下的分析与设计的理论和方法。

下面介绍与鲁棒性相关的一些概念。

1）鲁棒控制器：以闭环系统的鲁棒性作为目标设计得到的固定控制器。

2）控制系统的鲁棒性：是指控制系统在某种类型的扰动作用下，包括自身模型的扰动下，系统维持某些性能指标保持不变的特性。

3）稳定鲁棒性：对于实际工程系统，人们最关心的问题是一个控制系统当其模型参数发生大幅度变化或其结构发生变化时，能否仍保持渐近稳定，这叫作稳定鲁棒性。

4）品质鲁棒性：即要求在模型扰动下，系统的品质指标仍然保持在某个许可范围内。

5）鲁棒性理论：研究多变量系统具有稳定鲁棒性和品质鲁棒性的各种条件。它的进一步发展和应用，将是控制系统最终能否成功应用于实践的关键。例如，在数字水印技术中，鲁棒性是指在经过常规信号处理操作后，能够检测出水印的能力，针对图像的常规操作包括空间滤波、有损压缩、打印与复印、几何变形等。

3. 鲁棒控制

在一个控制系统中，由于工作状况变动、外部干扰，以及建模误差等原因，实际工业过程的精确模型是很难得到的，而系统的各种故障也将导致模型的不确定性，因此可以说模型的不确定性在控制系统中广泛存在。鲁棒控制的主要目标是即使在不确定性存在的情况下，系统也能正常工作，并保持一定的控制精度和稳定性。

定义：鲁棒控制指的是在实际环境中为保证安全和要求而设计的控制系统，使该系统具有不确定性的对象必须满足控制品质的要求。

鲁棒控制是一个着重控制算法可靠性研究的控制器设计方法，可见，鲁棒性在一般情况下一旦设计好这个控制器，那么它的参数不能再改变，从而使控制性能得到保证。

鲁棒控制方法是对时域或频域来说的，一般假设过程动态特性的信息和它的变化范围，一些算法不需要精确的过程模型，但需要一些离线辨识。一般鲁棒控制系统的设计是以最差情况为基础的，因此，一般采用鲁棒控制方法的系统并不工作在最优状态，而是工作在动态特性的信息和它的变化范围之内。所以，鲁棒控制方法适用于以稳定性和可靠性作为首要目标的应用，同时过程的动态特性已知且不确定因素的变化范围可以预估。例如，飞机和空间飞行器的控制就是这类系统的例子。飞机的航行关键要求飞机的稳定性和可靠性，对于航线的航道并不要求十分精确，航道宽度控制在一定范围内均认为是正常航行，如航道宽度为20km，并不需要飞机一定在中线上飞行，而主要控制飞机速度的变化、高度的变化、仰角或俯角的变化等因素的可靠性和稳定性。鲁棒控制对时域或频域的控制方法示意图如图 1-7 所示。

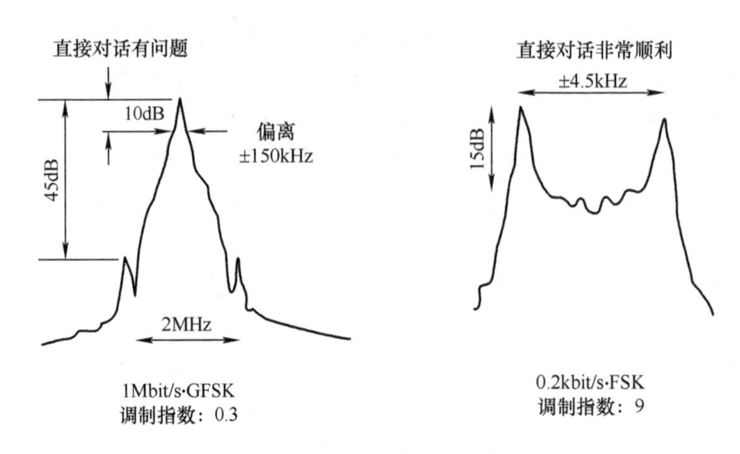

图 1-7　鲁棒控制对时域或频域的控制方法示意图

同理，在过程控制应用中，某些控制系统也可以选用鲁棒控制方法进行设计，特别是对那些比较关键且不确定因素变化范围大和稳定裕度小的对象。

因为鲁棒控制系统的设计中，一般被控系统，既需要通过输出信息反馈纠正系统的误差，又需要系统具有鲁棒性，以保持系统的稳定性和可靠性，所以在系统设计时是较难平衡的问题，特别是对误差的判断往往是一个模糊概念。一旦设计成功，就不需太多的人工干预，而如果要升级或做重大调整时，系统就要重新设计。

通常，系统的分析方法和控制器的设计大多是基于数学模型建立的，而且各类方法已趋于成熟和完善。然而，系统总是存在不确定性，比如在系统建模时，有时只考虑了工作点附近的情况，造成了数学模型的人为简化；或者执行部件与控制部件存在制造容差，系统运行过程也存在老化、磨损，以及环境和运行条件恶化等现象，使得大多数系统存在结构或者参数的不确定性。这样，用精确数学模型对系统的结果进行分析或设计的控制器常常难以满足工程要求。近些年来，对不确定系统鲁棒控制问题的不断研究，已经取得了一系列研究成果。Hoo 鲁棒控制理论和 μ 分析理论是当前控制工程中最活跃的研究领域之一，多年来一直备受控制研究工作者的重视。通过系统地对线性不确定系统、时间滞后系统、区间系统、离散时间系统的鲁棒稳定性等问题的研究，提出了比较有效的关于系统鲁棒稳定性的分析和设计方法。

4. 鲁棒性的渐近稳定

1）结构渐近稳定：以渐近稳定为性能指标的一类鲁棒性。如果控制系统在其特性或参数的标称值处是渐近稳定的，并且对标称值的一个邻域内的每一种情况都是渐近稳定的，则称此系统是结构渐近稳定的。

2）结构渐近稳定性条件：结构渐近稳定的控制系统除了要满足一般控制系

统设计的要求外，还必须满足另外一些附加条件，这些条件称为结构渐近稳定性条件，可用代数或几何的语言来表述，但都具有比较复杂的形式。

3）稳定裕量：结构渐近稳定性的一个常用的度量是稳定裕量，包括增益裕量和相角裕量，它们分别代表控制系统为渐近稳定的前提下，其频率响应在增益和相角上所留有的储备。一个控制系统的稳定裕量越大，其特性或参数的允许扰动范围一般也越大，因此它的鲁棒性也越好。现已证明，线性二次型（LQ）最优控制系统具有十分良好的鲁棒性，其相角裕量至少为60°，并确保1/2到∞的增益裕量，已经成为软件性能指标之一。

4）无静差性：以准确地跟踪外部参考输入信号和完全消除扰动的影响为稳态性能指标的一类鲁棒性。如果控制系统在其特性或参数的标称值处是渐近稳定的且可实现无静差控制（又称输出调节，即系统输出对参考输入的稳态跟踪误差等于零），并且对标称值的一个邻域内的每一种情况都是渐近稳定和可实现无静差控制的，那么称此控制系统是结构无静差的。使系统实现结构无静差的控制器通常称为鲁棒调节器。

三、按照控制的发展历程分类

按照控制理论的发展历程，有传统控制理论、经典控制理论、现代控制理论、智能控制理论等。

（一）传统控制

传统控制是控制理论发展的早期阶段，主要基于如下三种经典的控制方法。

1. PID控制（比例-积分-微分控制）

PID控制适用于一些相对简单、线性的系统，通过调节比例、积分和微分参数来实现对系统的控制。广泛应用于工业过程控制中。

2. 根轨迹法

根轨迹法根据系统特征方程的根随参数变化的轨迹来设计控制器参数，使系统稳定且满足性能指标。

3. 频率响应法

频率响应法通过分析系统的频率特性（如伯德图、奈奎斯特图等）来设计控制系统，设计控制器使系统具有足够的稳定裕度和性能。

（二）经典控制

经典控制理论包含三种理论，即线性控制理论、采样控制理论和非线性控制理论。

1. 线性控制理论

线性控制理论（Linear Control Theory）是系统与控制理论中最成熟和最基础的一个分支，是现代控制理论的基础。系统与控制理论的其他分支都不同程度地受到线性控制理论的概念、方法和结果的影响和推动。

系统是由相互关联和相互作用的若干组成部分，按一定规律组合而成的具有特定功能的整体，如工程系统、生物系统、经济系统、社会系统等。在系统理论中，常常抽去具体系统的物理或社会含义，而将其抽象化为一个一般意义下的系统加以研究，这种处理方法有助于揭示系统的一般特性。系统最基本的特征是它的整体性，线性系统是实际系统的一类理想化模型，而系统与控制理论中主要研究的是动态系统，通常可用一组微分方程或差分方程来表征。所以，当描述动态系统的数学方程具有线性属性时，称相应的系统为线性系统。线性系统是一类最简单且研究得最多的动态系统。

严格地说，一切实际的系统都是非线性的，真正的线性系统在现实世界中是不存在的。但是，很多实际系统的某些主要关系特性在一定的范围和条件下，可以精确地用线性系统来近似表示。因此，从这个意义上说，线性系统或者可线性化的系统是大量存在的，而这正是研究线性系统的实际背景。

简言之，线性系统理论主要研究线性系统状态的运动规律和改变这种运动规律的可能性方法，揭示系统结构、参数、行为和性能之间确定的和定量的关系，建立合理的系统数学模型。对于线性系统，常用的模型有时间域模型和频率域模型，时间域模型比较直观，而频率域模型则是一个更强大的工具，数学模型建立的基本途径一般都通过解析法和实验法。在系统中加入控制部分来达到期望的性能，为数学模型提供了解决问题的可能性。

经典的线性控制理论以拉普拉斯变换为主要工具，模型是传递函数，分析和综合方法是频率响应法，在 20 世纪 50 年代业已成熟。后来，一些新的数学工具相继得到了运用，如计算机技术等推动了线性系统理论的进一步发展和在实际中的广泛运用。特别是在航天技术兴起的推动下，线性系统理论在 1960 年前后开始了从经典到现代阶段的过渡，其重要标志之一是卡尔曼（R. E. Kalman）系统地把状态空间法引入到系统和控制理论中。并在此基础上，进一步提出了能控性和能观测性两个表征系统结构特性的重要概念，这是线性系统理论中两个最基本的概念。建立在状态空间法基础上的线性系统的分析和综合方法通常称为现代线性系统理论。自 20 世纪 60 年代中期以来，线性系统理论出现了从几何方法角度研究线性系统的结构和特性的几何理论，出现了以抽象代数为工具的代数理论，还出现了在推广经典频率法基础上发展起来的多变量频域理论。与此同时，随着计算机技术的发展和普及，线性系统分析和综合中的计算问题，以及利用计算机对线性系统进行辅助分析和辅助设计的问题也都得到了广泛和充分的研究。

2. 采样控制理论

采样控制系统的组成原理、基本特性和分析设计方法是经典控制理论中的一个分支。采样控制系统不同于连续控制系统，它的特点是系统中一处或几处的信号具有脉冲序列或数字序列的形式。应用采样控制有利于提高系统的控制精度和抗干扰能力，也有利于提高控制器的利用率和通用性。

（1）采样控制的概念　随着微型计算机的普及，采样控制更显示出其优越性。在采样控制理论中主要采用频率域方法，它以Z变换为数学基础，又称Z变换法。通过引入Z变换，在连续控制系统研究中所采用的许多基本概念，如传递函数、频率响应和分析设计法，如稳定性和过渡过程的分析方法，控制系统校正方法等都可经过适当的调整而推广应用于采样控制系统。

在现代控制理论中，与采样控制系统属于同一范畴的离散系统的分析主要采用时域方法，它是建立在状态空间描述的基础上的，故又称为状态空间法。

（2）采样控制内容　采样控制系统按组成原理分为一般采样控制系统和数字控制系统。一般采样控制系统组成如图1-8所示。图中测量元件的作用是将受控对象的输出变量变换为适当的物理量以实现反馈，校正装置的作用是使控制系统获得令人满意的性能。与一般连续型反馈控制系统不同的是，它包含信号采样和复原的装置。实现采样的装置称为采样器，通常接于误差信号$e(t)$的作用点。采样器最常见的形式是采样周期为常数的等速采样。当系统中包含有几个采样器时，它们的采样周期必须相等，相位必须同步。一切具有开关功能的装置，如机械开关、数字电路、扫描装置等都可用来作为采样器。连续信号$e(t)$通过采样器时，随着采样开关的重复闭合和断开，变换为一个周期脉冲序列$e(t)$。$e(t)$的值在采样开关闭合瞬间等于$e(t)$，而在开关断开时等于零。由于受控对象常常是一个具有连续特性的系统，为了使脉冲序列$e(t)$中的高频分量不致对它构成干扰和引起机械部件的损坏，$e(t)$在作用于连续部件之前需要通过具有滤波功能的装置复原为连续信号，这类复原装置被称为保持器。最简单的保持器是一个低通滤波器，它能将脉冲序列转换成在两个相邻采样瞬时之间保持常值的一个阶梯信号，通常称为零阶保持器。它的传递函数如图1-9所示，其中T为脉冲序列的周期。

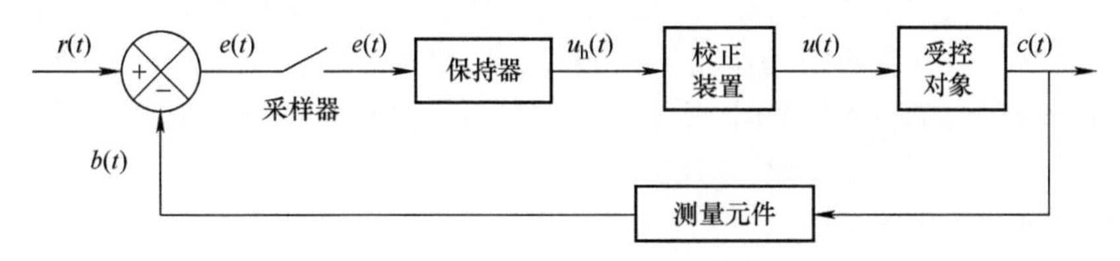

图1-8　一般采样控制系统组成原理图

数字控制系统是采样控制系统中一种重要的类型，数字控制系统如图1-10所示，除了包含信号的采样和复原外，还包含信号量化和复原的过程。把信号幅值变换为数字计算机可接收的数码称为量化，相应的部件称为模－数转换器，或

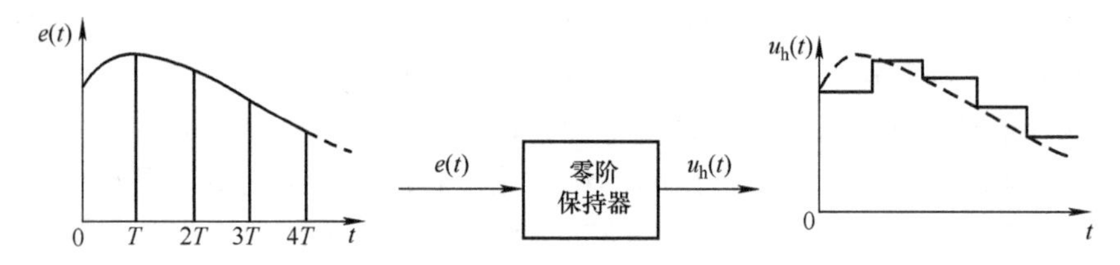

图 1-9　零阶保持器输入/输出关系示意图

A－D 转换器，使数码恢复为信号幅值的装置则称为数－模转换器，或 D－A 转换器。通常，数－模转换器同时也具备保持器的功能。对信号进行量化的结果使其有可能采用数字计算机作为校正装置，通过编制相应的程序，以实现按控制规律所要求的信号校正。数字校正装置在通用性和精确性方面具有明显的优势。

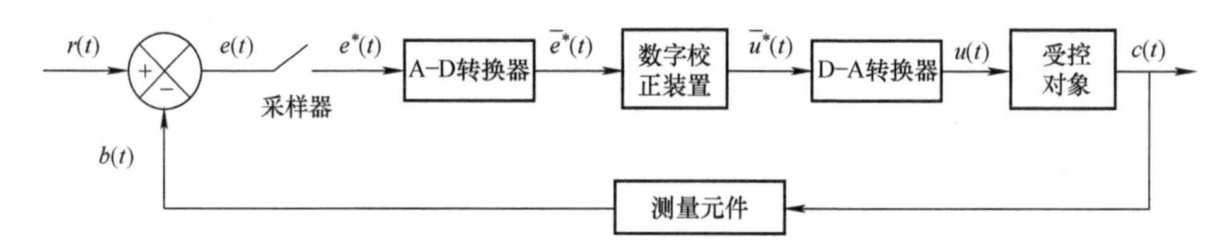

图 1-10　数字控制系统组成原理图

采样过程的数字处理为简化问题处理，在采样控制理论中，将连续信号$e(t)$经过采样器得到的周期性脉冲序列 $e(t)$ 理想化为一个数字函数序列，它的表达式为

$$\delta_T(t) = \delta(t) + \delta(t-T) + \delta(t-2T) + \cdots + \delta(t-kT) = \sum_{k=0}^{\infty}(t-kT)$$

式中，T 为采样周期；$e(kT)$ 为连续信号 $e(t)$ 在采样瞬时 $kT(k=0,1,2,\cdots)$ 的值；符号 $\sum$ 表示所列变量的求和；$\delta(t-kT)$ 为作用于 kT 时刻的单位脉冲函数，它的定义是为了使采样信号能恢复到原连续信号，采样周期 T 的值不能任意选取，必须符合香农定理所给出的条件，即要求不等式 $T<\pi/\omega_1$ 成立，其中 ω_1 是原连续信号的幅频谱的上限频率，它的含义是信号的傅里叶变换后振荡分量中不包含频率大于 ω_1 的谐波分量。

（3）采样控制的特性

1）物理意义：采样过程是输入信号 $e(t)$ 对单位理想脉冲系列 $\delta T(t)$ 进行幅值调节的过程。可见，$e(kT)$ 只描述了 $e(t)$ 在采样瞬时的数值，故 $\delta_T(t)$ 不能给出连续函数 $e(t)$ 在采样间隔之间的信息。采样的拉氏变换 $F^*(s)$ 与连续信号 $e(t)$ 的拉氏变换 $F(s)$ 类似，如 $e(t)$ 为有理数，则 $F^*(s)$ 也总可以表示为有理函数形式。

2）采样系统的基本特性：在采样控制理论中，系统的分析和设计都是建立在脉冲传递函数基础上的。脉冲传递函数表征采样系统的输出和输入关系，这个关系用系统输出采样信号的Z变换与输入采样信号的Z变换之比来表示。

3）采样系统的稳定性：如果已知采样系统的脉冲传递函数 $G(z)=N(z)/D(z)$，那么系统稳定的充分必要条件是特征方程 $D(z)=0$ 的根均位于 z 复数平面上围绕原点的半径为1的单位圆内。常用的判断采样系统稳定性的方法有代数稳定判据、奈奎斯特稳定判据和根轨迹法。

① 代数稳定判据：利用双线性变换可把 z 复数平面上单位圆内部映射到 r 复数平面上除虚轴以外的左半平面内。因此 $D(z)=0$ 的根均位于 z 平面的单位圆内，等价于 $Z=(r+1)/(r-1)$ 的根均位于 r 平面的左半平面内。通过对 $D(r)=0$ 运用代数稳定判据，可判断采样系统的稳定性。

② 奈奎斯特稳定判据：对反馈中不包含环节的采样控制系统，用 $G_0(z)=N_0(z)/D_0(z)$ 表示断开反馈（见反馈控制系统）时的开环脉冲传递函数。$D_0(z)=0$ 为系统的开环特征方程。当复数变量 z 由 z 平面的（1，j_0）点出发，沿单位圆逆时针方向变化时，在 $G_0(z)$ 复数平面上做出相应的 $G_0(z)$ 的轨线。那么，当 $G_0(z)$ 轨线沿逆时针方向包围（$-1,j_0$）点的次数恰好等于 $D_0(z)=0$ 在单位圆内的根的个数时，采样控制系统是稳定的，这是连续控制系统的奈奎斯特稳定判据的推广。

③ 根轨迹法：运用于采样系统的开环脉冲传递函数 $G_0(z)$ 可分析采样反馈系统的特征方程根的分布，从而可用来判断系统的稳定性。

除了常用的上述判断采样系统稳定性的方法，还需要了解下面几个概念：

① 采样系统的瞬态响应：采样系统的瞬态响应是指典型输入作用下，系统输出的响应。用 $R(z)$ 表示输入作用 $r(t)$ 的Z变换，$G(z)$ 表示系统的脉冲传递函数，则输出响应 $c(t)$ 的Z变换 $C(z)=G(z)R(z)$。通过对 $C(z)$ 求Z变换的反变换即可定出 $c(t)$。通常分析结果只能反映瞬态响应在采样时刻 $kT(k=0,1,2,\cdots)$ 上的函数值。

② 采样控制系统的校正：校正是通过引入某种装置使控制系统具有所期望的性能指标的方法。常用的校正装置类型有模拟校正装置和数字校正装置。在一般采样控制系统中采用模拟校正装置，它们常用电阻和电容组成一个RC网络。在数字控制系统中，采用数字校正装置，它用数字处理或数字计算的方式实现对信号的校正，常可通过编制相应的算法程序，由计算机来完成。

③ 数字控制器的优点：能以较高的准确度来实现所要求的复杂运算，而且只需要通过改变程序就可产生不同的控制校正作用。相应的连续控制系统校正装置的设计方法（见控制系统校正方法）在经过适当的修正后，可用于设计采样控制系统的校正装置。

3. 非线性控制理论

随着科学技术的发展，人们对实际生产过程的分析要求日益提高，各种较为精确的分析和科学实验的结果表明，任何一个实际的物理系统都是非线性的。所谓线性只是对非线性的一种简化或近似，或者说是非线性的一种特例，如最简单的欧姆定理。

欧姆定理的数学表达式为 $U=IR$。此式说明，电阻两端的电压 U 与通过它的电流 I 成正比，这是一种简单的线性关系。但是，即使对于这样一个最简单的单电阻系统来说，其动态特性严格说来也是非线性的。因为当电流通过电阻以后就会产生热量，温度就会升高，而阻值随温度的升高就会发生变化。

（1）非线性控制的概念　人类认识客观世界和改造世界的历史进程总是由低级到高级，由简单到复杂，由表及里的纵深发展过程。在控制领域也是一样，最先研究的控制系统都是线性的，例如，瓦特蒸汽机调节器、液面高度的调节等。这是由于受到人类对自然现象认识的客观水平和解决实际问题的能力的限制，而对线性系统的物理描述和数学求解是比较容易实现的事情，并且已经形成了一套完整的线性理论和分析研究方法。

但是，对非线性系统来说，除极少数情况外，还没有一套可行的通用方法，而且每种方法只能针对某一类问题有效，不能普遍适用。所以，对非线性控制系统的认识和处理，基本上还处于初级阶段。另外，从对控制系统的准确度要求来看，用线性系统理论处理绝大多数工程技术问题，在一定范围内都可以得到令人满意的结果。

因此，一个系统的非线性因素常常被忽略，或者被各种线性关系所代替。这就是线性系统理论发展迅速并趋于完善，而非线性控制理论长期得不到重视和发展的主要原因。

（2）欧姆定理的非线性关系　欧姆定理并不是简单的线性关系，而是如下所示的一种非线性关系。因为热容量与通电时电阻值的改变量成反比，而通电 t 时间后的电阻值为

$$R_{\mathrm{t}}=\frac{R_0(1+\alpha t)}{f(mc)}$$

$$\Delta R=R_{\mathrm{t}}-R_0=\frac{R_0(1+\alpha t)}{f(mc)}-R_0=R_0\frac{1+\alpha t-f(mc)}{f(mc)}$$

所以，欧姆定律的非线性方程可表示为

$$I=\frac{U}{R_{\mathrm{t}}}=\frac{U}{\dfrac{R_0(1+\alpha t)}{f(mc)}}=\frac{Uf(mc)}{R_0(1+\alpha t)}$$

式中，R_0 是0℃时的电阻数值；mc 是电阻的热容量；α 为电阻的温度系数；t 为

电流通过电阻的时间。注意以上公式的推导只对正温度系数的电阻有效，如金属膜电阻和金属丝电阻。

动力学中的虎克定理、热力学中的第一定律，以及气体的内摩擦力等也都有类似的情况。

对非线性控制系统的研究，到 20 世纪 40 年代，已取得了一些明显的进展，主要的分析方法有相平面法、李亚普诺夫法和描述函数法等。这些方法都已经被广泛用来解决实际的非线性系统问题，但是这些方法都有一定的局限性，不能成为分析非线性系统的通用方法。例如，用相平面法虽然能够获得系统的全部特征，如稳定性、过渡过程等，但大于三阶的系统无法应用。李亚普诺夫法则仅限于分析系统的绝对稳定性问题，而且要求非线性元件的特性满足一定的条件。虽然这些年来，国内外有不少学者一直在这方面进行研究，也研究出一些新的方法，如频率域的波波夫判据、广义圆判据、输入和输出稳定性理论等。但总的来说，非线性控制系统理论仍处于发展阶段，很多问题都还有待研究解决。

（3）非线性控制的特性　非线性控制理论作为很有前途的控制理论，将成为 21 世纪控制理论的主旋律，将为人类社会提供更先进的控制系统，使自动化水平有更大的飞越。严格地说，理想的线性系统在实际中并不存在。在分析非线性系统时，人们首先会想到使用在工作点附近小范围内线性化的方法，当实际系统的非线性程度不严重时，采用线性方法进行研究具有实际的意义和比较简便的计算。但是，如果实际系统的非线性程度比较严重，则不能采用在工作点附近小范围内线性化的方法进行研究，否则会产生较大的误差，甚至会导致错误的结论。这时应采用非线性系统的研究方法，运用相平面法或数字计算机仿真可以求得非线性系统的精确解，进而分析非线性系统的性能，但是相平面法只适用于一阶和二阶系统；建立在描述函数基础上的谐波平衡法可以对非线性系统做出定性分析，是分析非线性系统的简便而实用的方法，尤其在解决工程实际问题上，无需求得精确解时更为有效。

1）实际系统中的非线性因素：对于实际的物理系统，由于其组成元器件总是或多或少地带有非线性特性，可以说都是非线性系统。例如，在一些常见的测量装置中，当输入信号在零值附近的某一小范围之内时没有输出，只有当输入信号大于此范围时才有输出，即输入、输出特性中总有一个不灵敏区（也称死区），放大元器件的输入信号在一定范围内时，输入、输出呈线性关系，当输入信号超过一定范围时，放大元器件就会出现饱和现象，各种传动机构由于机械加工和装配上的缺陷，在传动过程中总存在着间隙，其输入、输出特性为间隙特性，有时为了改善系统的性能或者简化系统的结构，还常常在系统中引入非线性部件或者更复杂的非线性控制器。通常，在自动控制系统中，最简单和最普遍的就是继电特性。只要系统中包含一个或一个以上具有非线性特性的元器件，就称其为非线性系统。所以，严格地说，实际的控制系统都是非线性系统。所谓线性系统仅仅是实际系统忽略了非线性因素后的理想模型。

2）常见非线性特性对系统运动的影响：从非线性环节的输入与输出之间存在的函数关系划分，非线性特性可分为单值函数与多值函数两类。在实际控制系统中，最常见的非线性特性有死区特性、饱和特性、间隙特性和继电特性等。在多数情况下，这些非线性特性都会给系统正常工作带来不利影响。例如，死区特性、饱和特性及理想继电特性属于输入与输出之间为单值函数关系的非线性特性。间隙特性和一般继电特性则属于输入与输出之间为多值函数关系的非线性特性。下面从物理概念上对包含这些非线性特性的系统进行一些分析，有时为了说明问题，仍运用线性系统的某些概念和方法。虽然分析不够严谨，但便于了解，而且所得出的一些概念和结论对于从事实际系统的调试工作是具有参考价值的。

3）死区/死区特性：对于线性无静差系统，当系统进入稳态时，稳态误差为零。若控制器中包含有死区特性，那么当系统进入稳态时，稳态误差可能为死区范围内的某一值，因此死区对系统最直接的影响是造成稳态误差。当输入信号是斜坡函数时，死区的存在会造成系统输出量在时间上的滞后，从而降低了系统的跟踪速度。摩擦死区特性可能造成运动系统的低速不均匀；另一方面，死区的存在会造成系统等效开环增益的下降，减弱过渡过程的振荡性，从而可提高系统的稳定性。死区也能滤除在输入端小幅度振荡的干扰信号，提高系统的抗干扰能力。

4）测量元器件、放大元器件、执行元器件：在非线性系统中，K_1、K_2、K_3分别为测量元器件、放大元器件和执行元器件的传递系数，Δ_1、Δ_2、Δ_3分别为它们的死区。若把放大元器件和执行元器件的死区折算到测量元器件的位置（此时放大元器件和执行元器件无死区），则有：

① 处于系统前向通路最前面的测量元器件，其死区所造成的影响最大，而放大元器件和执行元器件死区的不良影响可以通过提高该元器件前级的传递系数来减小。

② 饱和特性将使系统在大信号作用之下的等效增益降低，一般来说，等效增益降低，会使系统稳态误差增大。处于深度饱和的控制器对误差信号的变化失去反应，从而使系统丧失闭环控制作用。在一些系统中经常利用饱和特性作信号限幅，限制某些物理参量，以保证系统安全合理地工作。

若线性系统为振荡发散，那么当加入饱和限制后，系统就会出现自持振荡的现象。这是因为随着输出量幅值的增加，系统的等效增益下降，系统的运动有收敛的趋势；而当输出量幅值减小时，等效增益增加，系统的运动有发散的趋势，故系统最终应维持等幅振荡，出现自持振荡现象。

③ 间隙（回环）/间隙特性。如在齿轮传动中，由于间隙的存在，当主动齿轮方向改变时，从动轮保持原位不动，直到间隙消失后才改变转动方向。铁磁元件中的磁滞现象也是一种间隙特性。间隙特性对系统的作用一是增大了系统的稳态误差，降低了控制准确度，这相当于死区的影响；二是因为间隙特性使系统频率响应的相角滞后增大，从而使系统过渡过程的振荡加剧，甚至使系统变得不稳定。

④ 继电特性。其特性中包含了死区、回环及饱和特性。当 $h=0$ 时，称为理想继电特性。理想继电特性串入系统，在较小偏差时开环增益大，系统的运动一般呈发散性质；而在较大偏差时开环增益很小，系统具有收敛性质，故理想继电控制系统最终多半处于自持振荡工作状态。继电特性能够使被控制的执行装置在最大输入信号下工作，可以充分发挥其调节能力，故有可能利用继电特性实现快速跟踪。以上只是对系统前向通道中包含某个典型非线性特性的情况进行了直观的讨论，所得结论为一般情况下的定性结论，这些结论对于从事实际系统的调试工作具有一定的参考价值。

（4）非线性系统特征　描述线性系统运动状态的数学模型是线性微分方程，其重要特征是可以应用叠加原理；描述非线性系统运动状态的数学模型是非线性微分方程，不能应用叠加原理。由于两类系统的根本区别，因此它们的运动规律是完全不同的。现将非线性系统所具有的主要运动特点归纳如下：

1）稳定性：线性系统的稳定性只取决于系统的结构和参数，而与外作用和初始条件无关。

对于非线性系统，不存在系统是否稳定的笼统概念，必须针对系统某一具体的运动状态，才能讨论其是否稳定的问题。非线性系统可能存在多个平衡状态，其中某些平衡状态是稳定的，另一些平衡状态是不稳定的。初始条件不同，系统的运动可能趋于不同的平衡状态，从而使运动的稳定性不同。所以说，非线性系统的稳定性不仅与系统的结构和参数有关，还与运动的初始条件、输入信号有直接关系。

2）时间响应：线性系统时间响应的一些基本特征（如振荡性和收敛性）与输入信号的大小及初始条件无关。对于线性系统，阶跃输入信号的大小只影响响应的幅值，而不会改变响应曲线的形状。

非线性系统的时间响应与输入信号的大小和初始条件有关。对于非线性系统，随着阶跃输入信号的大小不同，响应曲线的幅值和形状会产生显著变化，从而使输出具有多种不同的形式。虽然同是振荡收敛的，但振荡频率和调节时间均不相同，还可能出现非周期形式，甚至出现发散的情况。这是由于非线性特性不遵守叠加原理的结果。

3）自持振荡：线性定常系统只有在临界稳定的情况下才能产生等幅振荡。这种振荡是靠参数的配合达到的，因而很难观察到，并且等幅振荡的幅值及相角与初始条件有关，一旦受到扰动，原来的运动便不能维持，所以线性系统中的等幅振荡不具有稳定性。

有些非线性系统在没有外界周期变化信号的作用下，系统中就能产生具有固定振幅和频率的稳定周期运动。如振荡发散的线性系统中引入饱和特性时就会产生等幅振荡，这种固定振幅和频率的稳定周期运动称为自持振荡，其振幅和频率由系统本身的特性所决定。自持振荡具有一定的稳定性，当受到某种扰动之后，只要扰动的振幅在一定的范围之内，这种振荡状态仍能恢复。在多数情况下，不希望系统有自持振荡，因为长时间大幅度的振荡会造成机械磨损、能量消耗，并带来控制误差。但是有时又会故意引入高频小幅度的颤振来克服间隙、摩擦等非线性因素给系统带来的不利影响。因此必须对自持振荡产生的条件、自持振荡振幅和频率的确定，以及自持振荡的抑制等问题进行研究。所以说自持振荡是非线性系统一个十分重要的特征，也是研究非线性系统的一个重要内容。

4）对正弦信号的响应：线性系统当输入某一恒定幅值和不同频率 ω 的正弦信号时，稳态输出的幅值 A_c 是关于频率 ω 的单值连续函数。

对于非线性系统输出的幅值 A_c 与 ω 的关系可能会发生跳跃谐振和多值响应，这种振幅随频率的改变出现突跳的现象称为跳跃谐振。$\omega_1 \sim \omega_2$ 的每一个频率，都对应着三个振幅值，因此一个频率对应了两个稳定的振荡，这种现象称为多值响应。产生跳跃谐振的原因是系统中滞环特性的多值特点。

5）非线性系统的畸变现象：线性系统在正弦信号作用下的稳态输出是与输入同频率的正弦信号。非线性系统在正弦信号作用下的稳态输出不是正弦信号，它可能包含有倍频和分频等各种谐波分量，从而使系统的输出产生非线性畸变。

（5）非线性系统的分析方法　对于非线性系统，建立数学模型的问题要比线性系统困难得多，至于用非线性微分方程的解来分析非线性系统的性能就更加困难了。这是因为除了极特殊的情况外，多数非线性微分方程无法直接求得解析解。所以还没有一个成熟、通用的方法可以用来分析和设计各种不同的非线性系统，目前研究非线性系统常用的工程近似方法有：

1）相平面法：相平面法是时域分析法在非线性系统中的推广应用，通过在相平面上绘制相轨迹，可以求出微分方程在任何初始条件下的解，所得结果比较精确和全面。但对于高于二阶的系统，需要讨论变量空间中的曲面结构，从而大大增加了工程使用的难度。故相平面法仅适用于一阶、二阶非线性系统的分析。

2）描述函数法：描述函数法是一种频域的分析方法，它是线性理论中的频率法在非线性系统中的推广应用，其实质是应用谐波线性化的方法，将非线性元器件的特性线性化，然后用频率法的一些结论来研究非线性系统。这种方法不受系统阶次的限制，且所得结果也比较符合实际，故得到了广泛应用。

3）计算机求解法：用计算机直接求解非线性微分方程，对于分析和设计复杂的非线性系统几乎是唯一有效的方法。随着计算机的广泛应用，这种方法必定会有更大的发展。

应当指出，这些方法主要是解决非线性系统的分析问题，而且是以稳定性问题为中心展开的，然而，非线性系统综合方法的研究成果远不如稳定性问题，可以说还没有一种简单而实用的综合方法能够用来设计任意的非线性控制系统。

（三）现代控制

现代控制理论是在经典控制理论的基础上发展起来的，具有以下重要特点：

1）能够处理多输入多输出（MIMO）系统，可以更全面地描述和控制复杂系统。

2）基于状态空间模型，强调系统的内部状态变量，对系统的动态特性有更深入的理解。

3）适用于非线性和时变系统，具有更广泛的适用性。

现代控制理论的主要内容如下：

1）状态空间模型，指用状态方程和输出方程来描述系统，能够更准确地反映系统的结构和特性。

2）能控性和能观性，用于判断系统是否可以通过输入来控制其状态，以及是否可以通过输出观测到系统的状态。

3）最优控制，指在满足一定约束条件下，寻求使性能指标达到最优的控制策略，例如线性二次型调节器（LQR）。

4）卡尔曼滤波，用于对系统的状态进行最优估计，特别是在存在噪声干扰的情况下。

5）李亚普诺夫稳定性理论，为判断系统的稳定性提供了有力的工具。

现代控制理论为解决复杂系统的控制问题提供了强大的理论基础和方法，但在实际应用中，可能需要结合经典控制理论和智能控制方法，以达到更好的控制效果。

（四）智能控制

智能控制随着计算机技术和人工智能的发展而兴起。包括模糊控制、神经网络控制、专家系统控制等。这些方法能够处理不确定性、复杂性和高度非线性的系统，具有自学习、自适应和自组织的能力。

智能控制理论为解决传统控制方法难以应对的复杂控制问题提供了新的思路和方法，具有广阔的发展前景。下一节，就针对智能控制展开介绍。

第二节 智能控制

一、智能控制概述

（一）智能控制的概念

智能控制是一门交叉学科，著名美籍华人傅京逊教授于1971年首次提出智能控制是人工智能与自动控制的交叉，即二元论。美国学者G. N. Saridis于1977年在此基础上引入运筹学，提出了三元论的智能控制概念，即前文所述的IC = AC∩AI∩OR。

三元论除了智能与控制外还强调了更高层次控制中调度、规划和管理的作用，为递阶智能控制提供了理论依据。基于三元论的智能控制示意图如图1-11所示。

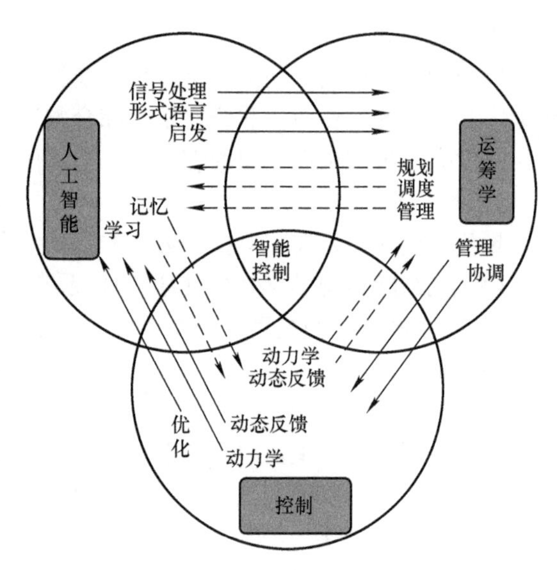

图1-11　基于三元论的智能控制示意图

所谓智能控制，即设计一个控制器（或系统），使之具有学习、抽象、推理、决策等功能，并能根据环境（包括被控对象或被控过程）信息的变化做出适应性反应，从而实现由人来完成的任务。

（二）智能控制科学的分类

傅京孙教授归纳了三种类型的智能控制系统：

1）人作为控制器的控制系统：具有自学习、自适应和自组织的功能。

2）人机结合作为控制器的控制系统：机器完成需要连续进行的并需快速计算的常规控制任务，人则完成任务分配、决策、监控等任务。

3）无人参与的自主控制系统：为多层的智能控制系统，需要完成问题求解和规划、环境建模、传感器信息分析和低层的反馈控制任务，如自主机器人。

（三）智能控制的特点

1. 学习功能

智能控制器能通过从外界环境所获得的信息进行学习，不断积累知识，使系统的控制性能得到改善。

2. 适应功能

智能控制器具有从输入到输出的映射关系，可实现不依赖于模型的自适应控制，即使当系统某一部分出现故障时，也能进行控制。

3. 自组织功能

智能控制器对复杂的分布式信息具有自组织和协调的功能，当出现多目标冲突时，它可以在任务要求的范围内自行决策，主动采取行动。

4. 优化能力

智能控制能够通过不断优化控制参数并寻找控制器的最佳结构形式，获得整体最优的控制性能。

二、智能控制的发展历程

（一）世界智能控制发展过程

智能控制是一门具有强大生命力和广阔应用前景的新型自动控制科学技术，它采用各种智能化技术实现复杂系统和其他系统的控制目标。从智能控制的发展过程和已取得的成果来看，智能控制的产生和发展正反映了当代自动控制的发展趋势，也是历史的必然。

智能控制第一次思潮出现于20世纪60年代，智能控制的早期开拓者们提出了几种智能控制的思想和方法。20世纪60年代中期，自动控制与人工智能开始有了交集。

1965年，著名的美籍华裔科学家傅京孙等人首先把人工智能的启发式推理规则用于学习控制系统，1971年傅京孙又论述了人工智能与自动控制的交集关系，由于他的重要贡献，成为国际公认的智能控制的先行者和奠基人，但中国未能加入早期国际智能控制研究行列。

1978年3月，全国科学大会在北京召开，发出“向科学技术现代化进军”的号召，迎来了中国科学的春天。

随着人工智能和机器人技术的快速发展，智能控制的研究出现了一股又一股新的热潮，并获得持续发展。各种智能控制系统及应用手段，包括专家控制、模糊控制、递阶控制、学习控制、神经控制、进化控制、免疫控制和智能规划系统等已先后开发成功，并应用于各类工业控制过程系统、智能机器人系统和智能制造系统等。

进入20世纪70年代，从传统的仪表和继电器组相对应的两个不同应用领域派生出了分散控制系统和可编程序控制器。

分散控制系统（Distributed Control System，DCS）在国内也称为集散控制系统，是相对于集中式控制系统的一种新型计算机控制系统，它是在集中式控制系统的基础上发展、演变而来。当时的DCS使用通用的CPU，采用软解释方式处理程序，对于回路控制更为重视。

可编程序控制器（Programmable Logic Controller，PLC）是在20世纪70年代开始派生出来的产品。PLC依靠类似于AMD2910的位块处理器处理逻辑，相对而言在系统结构上，对于离散的逻辑控制更为重视。更像传统的硬件继电器组。

经过数十年的发展，PLC在体系中加入了通用型的CPU，特别是软逻辑PLC在指令处理原理方面与DCS并无差别，只是上位机软件的用户指令不同。而

DCS 在网络方面、多 DPU 协同工作方面、冗余方面也有了长足的发展，并大多数采用了 X86 的体系架构，充分利用了 PC 的技术成果，使得人们对 DCS 和 PLC 的概念从认知上逐渐得到统一。

现在的 DCS 与 PLC 的差别已经相当小了，从具体的技术而言，DCS 有基于令牌网络的分布式实时数据库，可以通过全量通信来保证每个 DPU 内的映象数据都是最新的；而 PLC 在这一块更多地注重单机工作，即使是联网，也假定两台 PLC 之间只需要很少量的数据交换，所以采用主从结构的请求应答方式进行通信。

目前 PLC 按点数和价格分为大中小微几种不同的档次，同时按实现方式分为硬 PLC、软编译型 PLC、软解释型 PLC 三种，按结构分为背板式、模块式、分布式几种。其中大中型 PLC 更是在功能上加入了 DCS 和 PC 的许多功能，使其可以向上吞并一些 DCS 的市场，如现在很多自备电厂和化工行业都不再使用 DCS 而改用 PLC 去完成，横向来说 PLC 发展出了许多专用的 PLC，包括数控专用、汽车专用等。

同时 DCS 也向下发展了许多有个性的产品，使其可以代替一部分 PLC 的产品，且体积较小，只有几个回路，带显示屏，可以满足一些行业的需要。

控制科学的发展历程如图 1-12 所示。

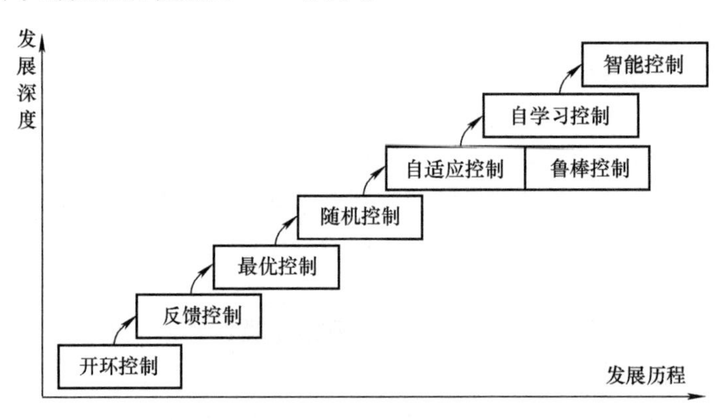

图 1-12　控制科学的发展历程示意图

（二）中国智能控制发展历史

人工智能的产生与发展，促进了自动控制向着它的最高层次，即智能控制的方向发展。智能控制代表了自动控制的最新发展阶段，也是应用人工智能实现人类脑力劳动和体力劳动自动化的一个重要领域。为了解决自动控制面临的难题，一方面要推进控制硬件、软件和智能技术的结合，实现控制系统的智能化；另一方面要实现自动控制科学与人工智能、计算机科学、信息科学、系统科学和生命科学等学科的结合，为自动控制提供新思想、新方法和新技术，创立自动控制的交叉新学科，推动智能控制向新的领域发展。

20 世纪 80 年代以来，中国学者先后提出一些新的智能控制理论、方法和技术。周其鉴等人于 1983 年发表了关于仿人控制的论文，之后又发展为仿人智能控制专著。吴宏鑫等人提出的“航天器变结构变系数的智能控制方法”和“基于智能特征模型的智能控制方法”等，为智能控制器的设计开拓了一条新的道路。蔡自兴等人于 2000 年提出和开发了进化控制系统和免疫控制系统，将源于生物进化的进化计算机制与传统反馈机制相结合，用于控制中可实现一种新的控制方式，即进化控制；而将自然免疫系统的机制和计算方法用于控制，则构成免疫控制，从而推动了中国智能控制研究向新的领域发展。

20 世纪 90 年代以来，特别是进入 21 世纪以来，我国的智能控制研究也相继进入各种控制方法互相融合，取长补短构成众多的复合智能控制，开发某些综合的智能控制方法来满足现实系统提出的控制要求。智能复合控制是智能控制方法与经典控制和现代控制的集成，也包括不同智能控制技术的集成。仅就不同智能控制技术组成的智能复合控制而言，就有模糊神经控制、神经专家控制、进化神经控制、神经学习控制、专家递阶控制和免疫神经控制等进入研究阶段。以模糊控制为例，就能够与其他智能控制组成模糊神经控制、模糊专家控制、模糊进化控制、模糊学习控制、模糊免疫控制及模糊 PID 控制等智能复合控制。

多智能体系统（Multi - Agent System，MAS）是一种分布式人工智能系统，能够克服单个智能系统在信息资源、时空分布和系统功能上的局限性，具备并行、分布、交互、协作、适应、容错和开放等优点，因而到 20 世纪 90 年代，我国的研究基本上与世界研究平行发展，并在 21 世纪以来得到在某些行业的应用。在这种背景下，我国分布式智能控制系统研究也应运而生，成为智能控制的一个新的研究领域。

随着我国互联网、物联网等网络技术的快速发展，网络已成为大多数软件用户的交互接口，软件逐步走向网络化。智能控制适应网络化趋势，其用户界面已逐步向网络靠拢，智能控制系统的知识库和推理机也逐步与网络接口交接。与传统控制和一般智能控制不同的是，网络控制系统并非以网络作为控制机理，而是以网络作为控制的媒介，用户对受控对象的控制、监督和管理，必须借助网络及其相关浏览器和服务器来实现，无论客户端在什么地方，只要能够上网就可以对现场设备及其受控对象进行控制与监控。智能控制系统与网络系统的深度融合而形成的网络智能控制系统，是当今智能控制的一个新的研究和应用方向，在我国已成为 21 世纪智能控制的一个新亮点。

进入 21 世纪以来，智能控制在更高水平上复合发展，并实现与国民经济的深度融合。特别是近年来，各先进工业国家竞相提出人工智能、智能制造和智能机器人的发展战略，为智能控制的发展提供了前所未有的发展机遇。中国政府发布的《中国制造2025》《新一代人工智能发展规划》和《机器人产业发展规划2016—2020》等国家重大发展战略，为智能控制的基础研究及其在智能制造、智能机器人、智能驾驶等领域的产业化注入活力。

三、智能控制系统的原理及组成结构

智能控制系统主要由六个部分组成，分别为规划与控制、传感器、感知信息处理、通信信道与接口、信息的认知和执行机构（电信号转换，即电-机械力、电-速度、电-加速度、电-热、电-电功、电-光、电-声、电-磁储存、电-电打印）。每个部分都相互独立，又相辅相成，从而形成智能控制系统，其各个部分的主要功能如下所述。

1. 规划与控制部分

这部分为整个系统的核心部分，它通过制定任务，决定获取什么信息，控制什么机构，如何控制，采用什么传输方式将信息传送到对方等对与本系统相关的知识、经验的搜索获取，推理决策等做出控制作用的总体规划。

2. 传感器部分

利用传感器对外界进行监测与观察，捕获信息（包括力学信号、电磁学信号、听觉信号、视觉信号、温湿度信号、嗅觉信号、味觉信号、流体信号等），并从中对有效信息进行选择，一般还需要进行电信号转换，作为智能控制系统的信息输入部分。

3. 感知信息处理部分

该部分对由传感器输入的原始信息进行处理，并根据系统内部的信号传输系统的要求，完成信号的放大、调制（包括模拟调制或数字调制）与传输波形的整形。

4. 通信信道与接口部分

根据传输信息的距离、频段、信息量的大小等要素，决定传输的方式（有线传输、无线传输）及传输频段，并根据信道要求决定输出端和输入端的接口阻抗和电平。

5. 信息的认知部分

对传输后所接收到的信息进行储存、信号放大或整形，并进行与发送端调制的反向操作，即信号的解调，得到能用于实现控制能量转换的电信号形式，直至被控制部分。

6. 执行机构部分

执行机构部分为系统的最终输出部分，实现按照规划与控制目的的要求，将输出电信号转换为机械力、速度、加速度、热、电功、光、声、磁储存或电打印等。若为闭环控制系统，则还必须将执行的结果反馈给信息的首端，以便形成动态的循环控制。

四、智能控制器的基本组成

（一）中央处理器（Central Processing Unit，CPU）

中央处理器是计算机的运算核心和控制核心，是信息处理、程序运行的最终执行单元，负责处理各种算法和逻辑，并控制其他组件的工作。

中央处理器包含运算逻辑部件、寄存器部件和控制部件等，并具有处理指令、执行操作、控制时间、处理数据等功能。

（二）内存（Memory）

内存是计算机中重要的部件之一，由内存芯片、电路板、金手指等部分组成，它是与 CPU 进行沟通的桥梁。内存也称为内存储器，其作用是用于暂时存放 CPU 中的运算数据，以及与硬盘等外部存储器交换的数据。

计算机中所有程序的运行都是在内存中进行的，内存决定了计算机运行的稳定性，因此内存的性能对计算机的影响非常大。

内存包括 RAM 和 ROM。RAM 为随机存取存储器，用于临时存储数据和程序；ROM 为只读存储器，用于存储固化的程序和配置。

（三）输入/输出接口（Input/Output Interface，I/O 接口）

输入/输出接口是计算机中 CPU 与外部设备之间交换信息的连接电路，它们通过总线与 CPU 相连。I/O 接口分为总线接口和通信接口两类，一般做成电路插卡的形式，所以通常将它们称为适配卡，如软盘驱动器适配卡、硬盘驱动器适配卡、并行打印机适配卡。

I/O 接口用于连接外部设备，例如传感器、执行器、通信传输设备等。通过这些接口，智能控制器可以接收来自外部环境的信息。

下面以汽车的驾驶为例，说明人工驾驶与智能机械驾驶在感知、决策及执行方面的比较，如图 1-13 所示。

五、智能控制系统的特点

智能控制系统能够实现自动化控制，通过传感器和执行器等设备，对环境参数和设备状态进行实时监测和控制，减少人工干预，提高控制效率和准确性。

智能控制系统可以实时采集和处理各种数据，如温度、湿度、压力、流量，以及设备和系统的运行状态等信息。通过对数据的分析和处理，可以提供决策支持和优化控制策略。

智能控制系统能够对设备和系统的运行状态进行监测和分析，及时发现异常情况，并提供预警信息。这有助于及时采取相应措施，避免设备故障或事故的发

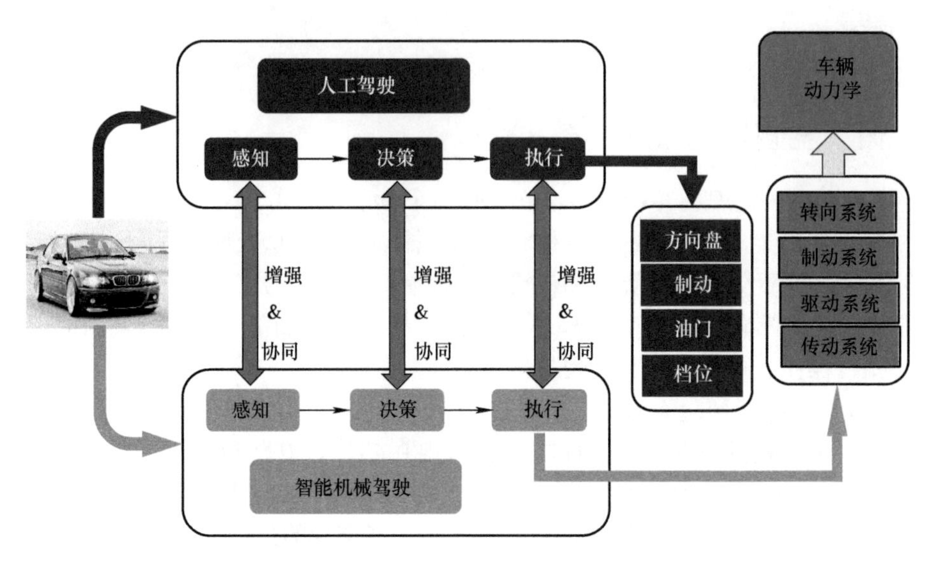

图 1-13　汽车的人工驾驶与智能机械驾驶比较示意图

生，提高运行的可靠性和安全性。

智能控制系统是通过集成先进的计算机技术、通信技术和控制算法，实现对各种设备、系统或过程的智能化控制和管理，它的基本功能和特点如下：

1. 具有较高的灵活性

从总体出发，智能控制系统由多个子系统通过网络通信技术进行连接组合而成，可以根据使用者的需求完成自主操作，方便生产或生活。

2. 操作方便简捷

科技发展至今，许多智能控制系统可以通过手机、计算机等终端设备进行控制，通过控制显示就能了解非现场被控对象的控制状态。

3. 场景化设置可多样化

可以根据对系统的需求，对被控制场景进行设置、添加，满足使用者的需求。

4. 实现信息共享

系统可以实时控制所需控制的对象，并且可发布到网上，对控制环境进行检测，在出现紧急情况时，可以通过终端设备远程连接到终端进行信息共享。

5. 安装、调试较为方便

一般比较简单的系统可以做到即插即用，特别是采用无线控制的方式，可以快速部署系统。

六、智能控制系统的定义和特殊功能

（一）定义

由于科技的不断发展和进步，智能控制系统广泛应用于各个行业，由于行业之间的差异，对智能控制系统产生了几种不同的定义，列举如下：

定义一：智能控制是由智能机器自主实现其目标的过程。而智能机器则定义为在结构化或非结构化的、熟悉的或陌生的环境中，自主地或与人交互地执行人类规定的任务的一种机器。

定义二：K. J. 奥斯托罗姆认为将人类具有的直觉推理和试凑法等智能加以形式化或机器模拟，并用于控制系统的分析与设计中，以期在一定程度上实现控制系统的智能化，这就是智能控制。他还认为自动调节控制和自适应控制就是智能控制的低级体现。

定义三：智能控制是一类无需人的干预，就能够自主地驱动智能机器实现其目标的自动控制，也是用计算机模拟人类智能的一个重要领域。

定义四：智能控制实际只是研究与模拟人类智能活动及其控制与信息传递过程的规律，研制具有仿人智能的工程控制与信息处理系统的一个新兴分支学科。

（二）智能控制系统的特殊功能

1. 远程监控与操作

智能控制系统支持远程监控和操作，通过网络连接可以对设备和系统进行实时监控和控制。运维人员可以通过远程访问系统进行参数调整、故障排查和维护等操作，提高操作的便捷性和灵活性。

2. 自适应和优化控制

智能控制系统具备自适应和优化控制能力，它能根据不同的工况和要求，采取相应的控制策略和参数调整，以较好的方式实现系统的控制和调节，提高节能效果。

3. 故障诊断和容错控制

智能控制系统能够进行故障诊断，通过分析和判断故障信息，及时采取容错控制措施，保证系统的正常运行。它可以提供故障报警和故障诊断报告，帮助运维人员进行故障排查和维修。

4. 高度灵活和可扩展性

智能控制系统具有高度灵活性和可扩展性，它可以根据不同的需求和应用领域进行定制开发，同时支持各种设备和系统的集成和扩展，满足不断变化的控制需求。

总之，智能控制系统以其自动化、智能化和网络化等特点，提供了可靠和便捷的控制和管理方式，广泛应用于工业控制、建筑自动化、交通运输、能源管理等领域。

七、智能控制的应用方法和发展趋势

自 1965 年，著名的美籍华裔科学家傅京孙等提出智能控制的概念以来，经历了二元控制系统、三元控制系统及四元控制系统等发展阶段。接踵而来由于运筹学、人工智能、逻辑学等学科的运用，模糊数学的进入，以及生物学、医学等的相关概念和思维方式进入控制领域，智能控制步入多元论系统时代。虽然有些控制方法还处于研究阶段，应用也欠成熟，但其思维方式和与智能控制系统的可结合性初显端倪。

下面将在智能控制领域中已形成系统理论并已获得广泛应用的方法，以及一些尚处于研究阶段但尚未形成系统的应用方法，科学家们认为这些都是极具发展前途的方法，暂且称为智能控制的未来，一并在下文进行介绍，以飨读者。

（一）智能规划

1. 智能规划概述

（1）智能规划（Automated Planning） 这是人工智能的一个重要研究领域，是从计算上研究智能控制过程的一个领域。例如，在危险性大和费用很高的关键环节中，智能规划技术能够节省大量的人力、物力、财力。

其主要思想是：面对某项复杂的任务，或在动作运作中受到某种约束条件的限制，而需要实现复杂目标的前提下，对周围环境进行认识与分析，对于所提供的资源、限制和相关约束进行推理，对若干可供选择的动作，在运筹学、人工智能、逻辑学等学科的支撑下，制定出实现预定目标的动作序列，该动作序列即称为一个规划。智能规划可应用于工厂的车间作业调度、现代物流管理中物资运输调度、智能机器人的动作规划，以及宇航技术等领域。智能规划实现的逻辑思维关系如图 1-14 所示。

（2）分类 因为动作的种类繁多，所以存在多种形式的规划，例如路径和运动规划、感知规划和信息收集、导航规划、通信规划、社会与经济规划等。

2. 研究的意义和研究方向

（1）研究的意义 从理论方面而言，规划是理性行为的重要组成部分。如果研究人工智能的目的是掌握智能的计算方面的因素，那么规划作为关于动作的推理，有助于智能算法的演化。在实际应用方面，智能规划有助于建立信息处理工具，即自动规划系统，以提供经济和高效的规划资源，满足涉及安全和效率的需求。

（2）研究的方向 规划技术的研究起源于对现实世界的抽象。根据模型的简化程度，智能规划的研究方向可以分为经典规划和非经典规划两大类。

1）经典规划。经典规划是在经典规划环境下进行的搜索、决策过程，其具有以下特点：

① 完全可观察：系统 S 是完全可观察的，即关于 S 的状态有一个完整的知识；

② 确定的：动作的效果只有一个，且是确定的；

③ 静态的：不考虑外部动态性；

④ 有限的：系统状态有限；

⑤ 离散的：动作和事件没有持续时间。

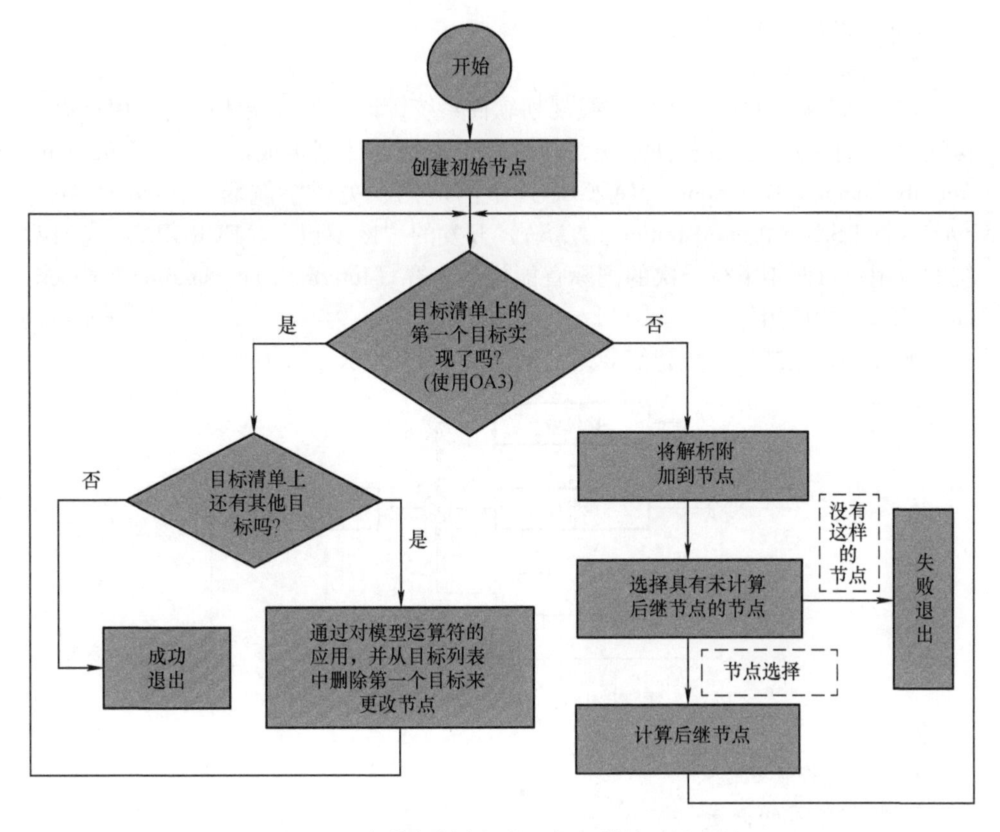

图 1-14 智能规划实现的逻辑思维关系示意图

2）非经典规划。非经典规划是相对于经典规划而言的，指那些在部分可观察的或随机的、考虑时间和资源的，以及放宽其他限制条件的环境下进行的规划。其具体的研究内容可细分为以下内容：

① 规划建模语言研究；

② 状态空间搜索方法研究；

③ 规划空间搜索方法研究；

④ 规划图搜索方法研究；

⑤ 命题可满足技术研究；

⑥ 约束可满足技术研究；

⑦ 分层任务网络规划研究；

⑧ 启发式研究；

⑨ 时态规划研究；

⑩ 资源规划研究；

⑪ 不确定规划研究；

⑫ 多智能体规划研究等。

3. 典型应用

例如，“深空1号”中的在线规划软件系统，即远程智能体中的应用；火星探测漫游者的地面规划软件系统，即混合主动活动计划生成器（Mixed Initiative Activity Planning Generator，MAPGEN）中的应用；美国宇航局（National Aeronautics and Space Administration，NASA）开发的“欧罗巴”（EUROPA）规划系统的应用；每两年举行一次的国际智能规划大赛（International Planning Competition，IPC）的应用等。

实现PID控制的系统智能规划结构如图1-15所示。

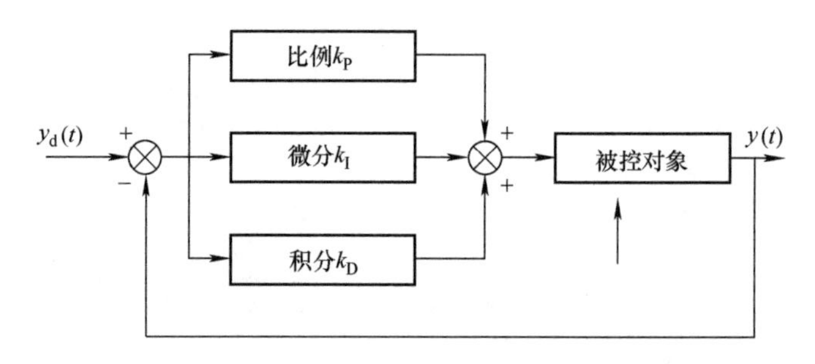

图1-15　实现PID控制的系统智能规划结构示意图

（二）强化学习

1. 强化学习的概念

学习是人类的主要智能之一，人类的各项活动都需要学习。

强化学习（Reinforcement Learning）是人工智能中策略学习的一种，是一种重要的机器学习方法，又称为再励学习或评价学习。

所谓学习是一种过程，强化学习作为一种基于智能体与环境交互学习的方法，强化学习算法是通过智能体不断与环境交互，即重复性的输入控制信号，并从外部校正该系统，从而使系统对特定输入具有特定响应，学习最优的决策策略，实现在复杂、动态的工业环境中高效地实现自动化控制并逐步优化。这正是模拟人类学习过程的控制调节机制的一种尝试。通过学习控制系统成为能在其运行过程中，逐步获得受控过程及环境的非预知信息，积累控制经验，并在一定的评价标准下进行估值、分类、决策和不断改善系统品质的自动控制系统，其控制原理如图1-16所示。

强化学习不需要了解太多的系统信息，但是需要1~2个学习周期，因此快速性相对较差，而且，强化学习的算法中有时需要实现超前环节，这用模拟器件是无法实现的，同时还涉及一个稳定性的问题，需要在应用实践中逐步完善。

强化学习的定义：从环境状态到动作映射的学习，以使动作从环境中获得的积累奖赏值最大。

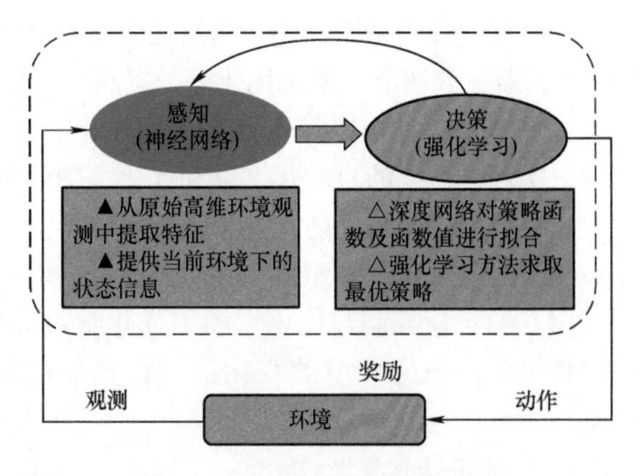

图1-16 强化学习控制原理框图

该方法不同于监督学习技术那样通过正例、反例来告知采取何种行为，而是通过试错（trial and error）来发现最优行为策略。常用的强化学习算法包括：

1）时间差分法（Temporal Difference，TD）算法指的是在强化学习中，通过比较当前状态的估计值和下一个状态的估计值来更新价值函数的方法。

2）Q学习（Q-Learning）算法是强化学习算法，该算法将信息素的概念引入Q学习中，结合采用动态自适应调整信息素挥发因子的蚁群算法，使代理程序（Agent）在进行行为决策时不再只以Q值作为参考标准，而是考量Q值与信息素的综合效应，加强了Agent彼此间的信息共享，增强了交互性。并根据具体的复杂环境条件，使算法对环境和状态具有更好的适应性。

3）SARSA（State-Action-Reward-State-Action）算法是一种经典的强化学习算法，用于解决马尔可夫决策过程（Markov Decision Process，MDP）问题。

2. 强化学习的基本内容

只要规定某种判据（即准则），系统本身就能通过统计估计、自我检测、自我评价和自我校正等方式不断自行调整，直至达到准则要求为止。这种学习方式实质上是一个不断进行随机尝试和不断总结经验的过程。在没有足够先验信息的条件下，这种学习过程往往需要较长的时间。在实际应用中，为了达到更好的效果，常将两种学习方式结合起来。学习控制系统按照所采用的数学方法不同而有不同的形式，其中主要有采用模式分类器的训练系统和增量学习系统。在学习控制系统的理论研究中，贝叶斯估计、随机逼近方法和随机自动机理论都是常用的理论工具。

3. 强化学习在自动化生产中的应用

强化学习在自动化工业生产中的应用涵盖了诸多方面，其中包括但不限于以下几个方面：

（1）智能控制系统优化　利用强化学习算法优化工业生产中的控制系统，如PID控制器参数调节、系统优化等，提高生产效率和质量。

（2）资源调度与路径规划　利用强化学习算法优化生产资源的调度和路径规划，实现生产线的自动化调度和优化，降低生产成本。

（3）故障检测与预防　利用强化学习算法构建故障检测与预防模型，实现对设备状态的实时监测和预警，提高设备可靠性和稳定性。

（4）自适应控制与优化　利用强化学习算法可以实现对工业系统的自适应控制和优化，根据环境的变化实时调整控制策略，适应复杂多变的工业生产环境。

4. 强化学习的改进方向

（1）多智能体强化学习　针对复杂的工业生产系统，引入多智能体强化学习算法，实现多个智能体之间的协作与竞争，提高系统整体效率和性能。

（2）深度强化学习　结合深度学习技术，构建深度强化学习模型，实现对大规模、高维度工业数据的高效处理和决策，提高控制系统的智能化水平。

（3）安全性与鲁棒性加强　加强强化学习算法在工业控制中的安全性与鲁棒性，防止因误差累积或恶意攻击导致的系统失控，确保工业生产的稳定运行。

（4）实时性与效率提升　优化强化学习算法的训练和推理过程，实现对工业生产系统的实时控制和优化，提高系统响应速度和生产效率。

综上所述，强化学习算法在自动化工业生产与控制中的应用已经取得了一定的成果，但仍面临着诸多挑战和改进空间。未来，随着人工智能技术的不断进步和工业生产需求的不断增长，强化学习算法将在工业自动化领域发挥越来越重要的作用，为工业生产带来更高效、智能的控制与优化方案，推动工业生产向智能化、数字化方向迈进。

（三）专家控制系统

1. 专家控制系统概述

专家控制系统（Expert Control System，ECS）是指一个具有大量的专门知识与经验的智能计算机程序系统，其内部含有大量的某个领域专家水平的知识与经验，并且能够利用知识和解决问题的经验方法来处理该领域的高水平难题。

该系统具有启发性、透明性、灵活性、符号操作、不确定性推理等特点。应用专家系统的概念和技术，模拟人类专家的控制知识与经验进行推理和判断，以解决那些需要专家级人才才能处理好的复杂问题的一种新的方法。

专家系统的基本功能取决于它所包含的知识和经验，因此，有时也将专家控制系统称为基于知识的系统。它已广泛应用于故障诊断、工业设计和过程控制。专家控制系统结构框架图如图1-17所示。

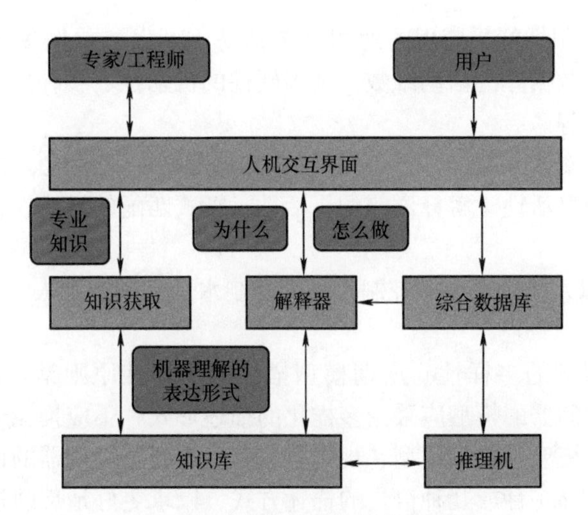

图 1-17 专家控制系统结构框架图

2. 专家控制系统基本结构

（1）知识库 知识库用适当的方式储存从专家处获取的领域知识、经验，也包括必要的书本知识和常识，它是领域知识的存储器。

（2）数据库 数据库是在专家系统中划出的一部分存储单元，用于存放当前处理对象用户提供的数据和推理得到的中间结果，这部分内容是随时变化的。

（3）推理机 推理机用于控制和协调整个专家系统的工作，它根据当前的输入数据，再利用知识库的知识，按一定推理策略去解决当前的问题。推理策略有正向推理、反向推理和正反向混合推理三种方式。

（4）解释器 解释器也是一组计算机程序，为用户解释推理结果，以便用户了解推理过程，并回答用户提出的问题，为用户学习和维护系统提供方便。

（5）知识获取 知识获取是通过设计一组程序，为修改知识库中原有的知识和扩充新知识提供手段，包括删除原有知识，将向专家获取的新知识加入到知识库，知识获取现已成为专家系统的瓶颈。

3. 专家控制器的基本要求

（1）运行可靠性高 对于某些特别的装置或系统，如果不采用专家控制器来取代常规控制器，那么整个控制系统将变得非常复杂，尤其是其硬件结构，其结果使得系统的可靠性大为下降。因此，对专家控制器提出较高的运行可靠性要求，它通常具有方便的监控能力。

（2）决策能力强 决策是基于知识的控制系统的关键能力之一，大多数专家控制系统要求具有不同水平的决策能力。专家控制系统能够处理不确定性、不完全性和不精确性之类的问题，这些问题难以用常规控制方法解决。

(3) 应用通用性好　应用的通用性包括易于开发、示例多样性、便于混合知识表示、全局数据库的活动维数、基本硬件的机动性、多种推理机制以及开放式的可扩充结构等。

(4) 控制与处理灵活　这个原则包括控制策略的灵活性、数据管理的灵活性、经验表示的灵活性、解释说明的灵活性、模式匹配的灵活性，以及过程连接的灵活性等。

(5) 具有拟人能力　专家控制系统的控制水平必须达到人类专家的水准。

4. 专家控制器的特点

(1) 模型描述的多样性　所谓模型描述的多样性原则是指在设计过程中，对被控对象和控制器的模型应采用多样化的描述形式，不应拘泥于单纯的解析模型，如离散事件模型、模糊模型、规则模型等。在专家控制器的设计过程中，应根据不同情况选择一种或几种恰当的描述方式，以求更好地反映过程特性，增强系统的信息处理能力。

(2) 在线处理的灵巧性　智能控制系统的重要特征之一就是能够以有用的方式来划分和构造信息。在设计专家式控制器时应十分注意对过程在线信息的处理与利用。在信息存储方面，应对那些对做出控制决策有意义的特征信息进行记忆，对于过时的信息则应遗忘；在信息处理方面，应把数值计算与符号运算结合起来；在信息利用方面，应对各种反映过程特性的特征信息加以抽取和利用，不要仅限于误差及其一阶导数。灵活地处理与利用在线信息将提高系统的信息处理能力和决策水平。

(3) 控制决策的灵活性　控制策略的灵活性是设计专家式控制器所应遵循的一条重要原则。工业对象本身的时变性与不确定性以及现场干扰的随机性要求控制器采用不同形式的开环与闭环控制策略，并能通过在线获取的信息灵活修改控制策略或控制参数，以保证获得优良的控制品质。此外，专家式控制器中还应设计用于处理异常情况的适应性策略，以增强系统的应变能力。

(4) 决策机构的递阶性　人的神经系统是由大脑、小脑、脑干、脊髓组成的一个分层递阶决策系统。以仿智为核心的智能控制，其控制器的设计必然要体现分层递阶的原则，即根据智能水平的不同层次构成分级递阶的决策机构。

(5) 推理与决策的实时性　对于设计用于工业过程的专家式控制器，这一原则必不可少。这就要求知识库的规模不宜过大，推理机构应尽可能简单，以满足工业过程的实时性要求。

5. 问题与展望

由于专家控制器在模型的描述上采用多种形式，因此必然导致其实现方法的多样性。虽然构造专家式控制器的具体方法各不相同，但归结起来，其实现方法可分为两类：

一类是直接型专家控制器，如图 1-18 所示，也称作专家式控制器，其保留控制专家系统的结构特征，虽然其功能不如专家系统完善，但结构较简单，研制周期短，实时性好。其知识库的规模小，推理机构简单。

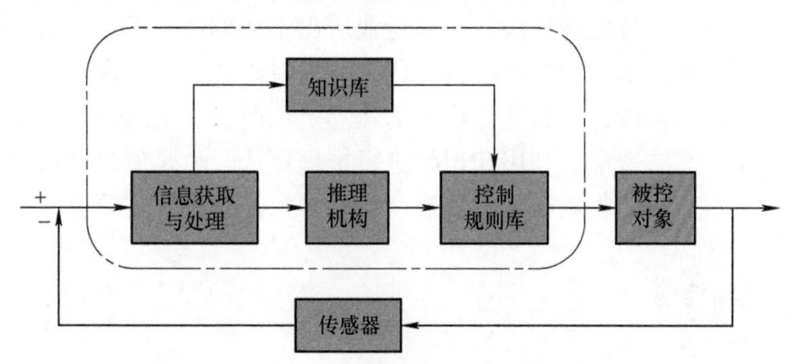

图 1-18　直接型专家控制器系统结构框架图

另一类是间接型专家控制器，如图 1-19 所示，也称作专家系统技术，其以某种控制算法（如 PID 算法）为基础，引入专家系统技术，以提高原控制器的决策水平。

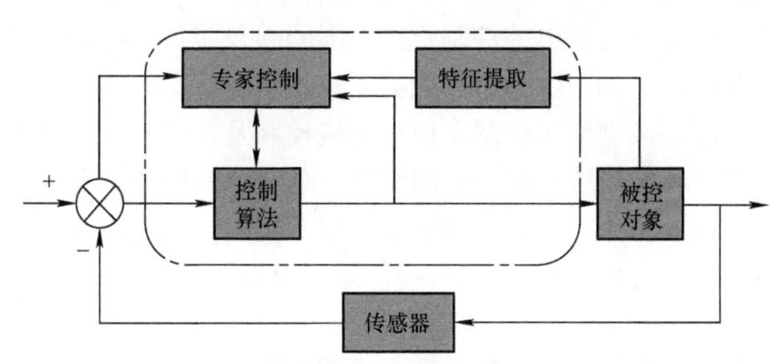

图 1-19　间接型专家控制器系统结构框架图

在国内应用较早的是化工行业的专家控制系统，但还仍处于理论研究阶段，实验性的比较多，长期使用的比较少。虽然国外大型化工企业应用已有所突破，但也未能实现产业化。仍然需要研究、实验、总结、开发。

作为一种专家的知识、经验所积累、总结后，进行计算机程序化控制理论，有其优势。但是，因为具有人类意识的参与，所以也会带来其不足之处。

其一，在专家群中如果对某些经验有分歧，则往往会按照权威的意见处理。是否切实是知识？是否是经验的最优解？都需要在实际应用中才能得到验证。

其二，技术、知识是在不断进步的，所以经验也不是永恒的，作为属于计算机程序的知识和经验也必须与时俱进，不断地提高和完善。

其三，专家控制系统的知识获取一直是设计专家控制系统的瓶颈之一。对于工艺控制参数比较成熟、控制数据比较齐全的行业应用起来会得心应手。但是，对于新兴行业、新的工艺技术指标控制、生产控制指标数据还比较欠缺等情况，必须经过摸索和从实践中得到可靠的知识和控制数据的过程。

特别是在当今科技发展较快，新兴行业层出不穷的情况下，如语音识别技术的发展，图片识别技术应用的高科技时代，如果将语音识别技术和图片识别技术应用于专家系统的设计，则会使知识库的建立更加便利、更迅速、更准确。

此外，知识库的搜索、利用知识库进行推理算法，也是值得专家控制系统研究的热点。搜索算法的收敛性、收敛速度也是专家控制系统需要进一步完善和发展的方向。

（四）模糊控制

1. 模糊控制的概述

（1）概述　美国学者查德（L. A. Zedeh）于1965年发表了著名的论文《模糊集合》，为模糊控制开辟了新的领域。此后，国内外对模糊控制的理论探索和实际应用两个方面都进行了广泛研究，并取得一系列令人感兴趣的成果。

单一的智能控制往往无法满足一些复杂、未知或动态系统的控制要求。特别是进入21世纪以来，各种智能控制互相融合，取长补短构成众多的复合智能控制方法，以满足现实系统提出的控制要求。不同的智能复合控制中包括模糊神经控制等。以模糊控制为例，能够与其他智能控制组成模糊神经控制、模糊专家控制、模糊进化控制、模糊学习控制、模糊免疫控制及模糊PID控制等智能复合控制。其克服了单个智能系统在信息资源、时空分布和系统功能上的局限性，具备并行、分布、交互、协作、适应、容错和开放等优点，因而在20世纪90年代获得快速发展，并在21世纪以来得到日益广泛的应用。

（2）基本定义　模糊控制是以模糊集理论、模糊语言变量和模糊逻辑推理为基础的、从行为上模仿人的模糊推理和决策过程的一种智能控制方法。

（3）相关名词术语　在模糊控制系统中，有一些专用的名词术语。以下予以简要的解释，便于对基本原理的理解。

1）定义变量：决定程序被观察的状况及考虑控制的动作，例如在一般控制问题上，输入变量有输出误差E与输出误差变化率EC，而模糊控制还将控制变量作为下一个状态的输入U。其中E、EC、U统称为模糊变量。

2）模糊化：将输入值以适当的比例转换到论域的数值，利用口语化变量来描述测量物理量的过程，根据适合的语言值（linguistic value）求出该值相对的隶属度，此口语化变量称为模糊子集合（fuzzy subsets）。

3）知识库：包括数据库（data base）与规则库（rule base）两部分，其中数据库提供处理模糊数据的相关定义，而规则库则由一系列语言控制规则描述控制目标和策略。

4）逻辑判断：模仿人类做出判断时的模糊概念，运用模糊逻辑和模糊推论法进行推论，得到模糊控制信号，该部分是模糊控制器的精髓所在。

5）解模糊化：将推论所得到的模糊值转换为明确的控制信号，作为系统的输入值的过程。

2. 模糊控制系统的分类与构成

模糊控制系统为非线性系统，常见的模糊控制系统一般有三类。

（1）纯模糊器系统　模糊控制器（Fuzzy Controller，FC）也称为模糊逻辑控制器（Fuzzy Logic Controller，FLC），由于所采用的模糊控制规则是由模糊理论中模糊条件语句来描述的，因此模糊控制器是一种语言型控制器，故也称为模糊语言控制器（Fuzzy Language Controller，FLC）。

（2）塔卡希模糊系统（Takagi Sugeno Kang，TSK）。

（3）具有模糊器和解模糊器的系统　模糊控制理论最常用的系统是具有模糊器和解模糊器的模糊系统。模糊控制系统的构成包含了以下主要部分：

1）隶属度函数：隶属度是描述元素属于模糊集合程度的变量，其取值范围为闭区间［0，1］，它是模糊数学的核心之一。

2）推理规则：推理规则多用于假设产生式——即“如果……则……”（if－then）规则表示，多条推理规则可以构成规则库。

3）解模糊算法：推理机是一组推理算法，该算法结合了经典的控制规则和专家的经验知识。推理机可以依据推理算法，根据规则库进行逻辑推理，得出最终结论。

因此，模糊控制系统中推理机涵盖了经典的控制方法和人工智能，可以解决非线性的复杂问题。接踵而来的就是解模糊器将推理机的结论转化为精确量，以此量作为控制输出，传送给控制的执行机构，其控制原理如图 1-20 所示。

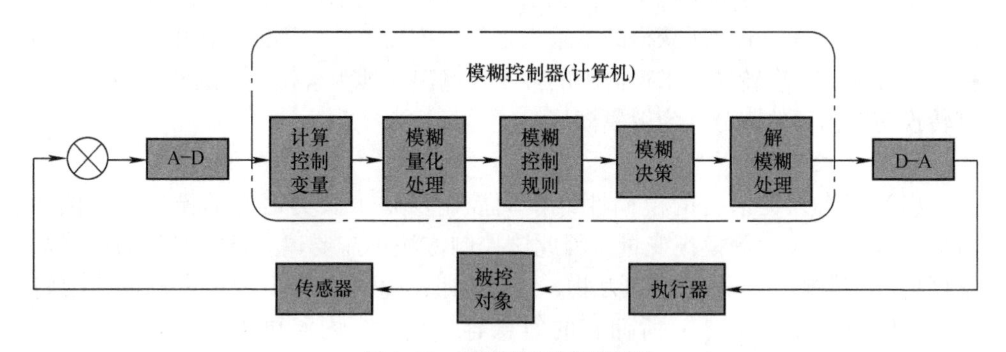

图 1-20　模糊控制原理框图

4）模糊控制器的组成。模糊控制器的组成示意图如图 1-21 所示。

模糊化接口（Fuzzy interface）模糊控制器的输入必须通过模糊化才能用于控制输出的求解，因此它实际上是模糊控制器的输入接口。它的主要作用是将真实的确定量输入转换为一个模糊矢量。

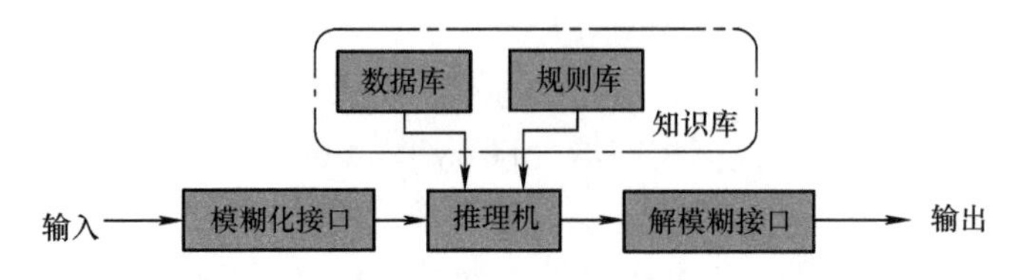

图 1-21　模糊控制器组成示意图

知识库（Knowledge Base，KB）由数据库和规则库两部分构成。

① 数据库（Data Base，DB）：数据库所存放的是所有输入、输出变量的全部模糊子集的隶属度矢量值（即经过论域等级离散化后对应值的集合），若论域为连续域则为隶属度函数。在规则推理的模糊关系方程求解过程中，向推理机提供数据。

② 规则库（Rule Base，RB）：模糊控制器的规则基于专家知识或手动操作人员长期积累的经验，它是按人的直觉推理的一种语言表示形式。模糊规则通常有一系列的关系词连接而成，如 if－then、else、also、end、or 等，关系词必须经过翻译才能将模糊规则数值化。最常用的关系词为 if－then、also，对于多变量模糊控制系统，还有 and 等。

推理是在模糊控制器中，根据输入模糊量，由模糊控制规则完成模糊推理来求解模糊关系方程，并获得模糊控制量的功能部分。在模糊控制中，考虑到推理时间，通常采用运算较简单的推理方法。最基本的有 Zadeh 近似推理，它包含有正向推理和逆向推理两类。正向推理常被用于模糊控制中，而逆向推理一般用于知识工程学领域的专家系统中。推理结果的获得，表示模糊控制的规则推理功能已经完成。但是，至此所获得的结果仍是一个模糊矢量，不能直接用来作为控制量，还必须作一次转换，求得清晰的控制量输出，即为解模糊。通常把输出端具有转换功能作用的部分称为解模糊接口。

3. 模糊控制的特点

（1）具有人类语言的模糊性　模糊控制反映了人类语言的模糊性，例如“高”“中”“低”等模糊变量，因此该控制方法不需要建立被控对象的精确数学模型。“模糊”是人类感知万物，获取知识，思维推理，决策实施的重要特征。“模糊”比“清晰”所拥有的信息容量更大，内涵更丰富，更符合客观世界。

（2）体现智能化的特点　模糊控制规则具有启发性的推理、逻辑功能，体现了其智能化的特点。

（3）自适应性强 模糊控制方法的自适应性很强。通过专家经验设计的模糊规则对于复杂对象进行有效控制。

目前模糊控制方法已经广泛地应用于诸多领域，如航空航天、智能电气、工业制造过程、数字图像制作等。针对单输入/单输出的非线性系统，建立模糊模型，设计间接的模糊自适应控制器，证明了闭环系统的稳定性和收敛性。模糊控制方法在智能控制领域发展迅速，在数十年间已经在一些智能控制领域得到应用，例如，引入交通信号灯的控制系统、汽车驾驶系统、电网控制系统，以至微型机器人系统和医学诊断系统等。

然而，该理论仍然有待进一步改进、挖掘和完善，例如，提高运算速度和寻优结果，发展多条件输入/多结果输出系统的模糊控制理论等。模糊理论是一种可能性理论，它基于事实发生的程度，而且有异于概率。对于这种可能性理论分布的特征也是未来需要研究的方向之一。

4. 实例解析模糊控制系统的工作原理

为了直观性理解模糊控制系统的工作原理，以下用水位的模糊控制为例，如图 1-22 所示。假设有一个水箱，通过调节阀可向内注水和向外抽水。设计一个模糊控制器，通过调节阀门将水位稳定在固定点（高度为 h_0）附近。按照日常的操作经验，可以得到基本的控制规则如下：

若水位高于 O 点，则向外排水，差值越大，排水越快；

若水位低于 O 点，则向内注水，差值越大，注水越快。

根据上述经验，按下列步骤设计模糊控制器：

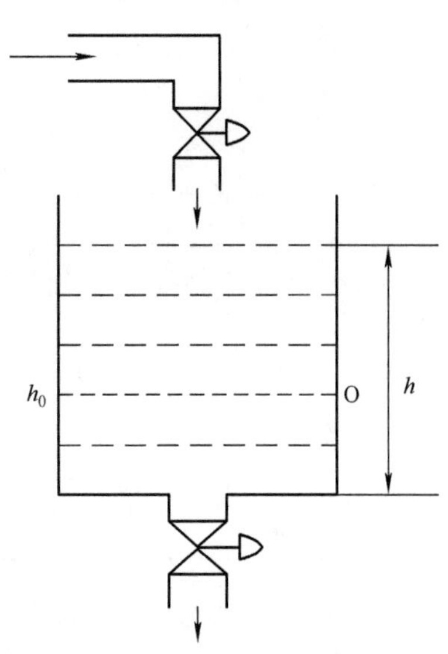

图 1-22 水箱水位控制示意图

（1）确定观测量和控制量 定义理想液位 O 点的水位为 h_0，实际测得的水位高度为 h，选择液位差为

$$e = \Delta h = h_0 - h$$

将当前水位对于 O 点的偏差 e 作为观测量。

（2）输入量和输出量的模糊化

1）将偏差 e 分为五个模糊集，即负大（NB）、负小（NS）、零（ZO）、正小（PS）、正大（PB）。

2）根据偏差 e 的变化范围分为七个等级，即 −3，−2，−1，0，+1，+2，+3。

得到水位变化见表1-1。

控制量u为调节阀门开度的变化，将其分为五个模糊集，即负大（NB）、负小（NS）、零（ZO）、正小（PS）、正大（PB）。

并将u的变化范围分为九个等级，即-4，-3，-2，-1，0，+1，+2，+3，+4。

得到控制量变化见表1-2。

表1-1　水位变化划分表

隶属度		变化等级						
		-3	-2	-1	0	1	2	3
模糊集	PB	0	0	0	0	0	0.5	1
	PS	0	0	0	0	1	0.5	0
	ZO	0	0	0.5	1	0.5	0	0
	NS	0	0.5	1	0	0	0	0
	NB	1	0.5	0	0	0	0	0

表1-2　控制量变化划分表

隶属度		变化等级								
		-4	-3	-2	-1	0	1	2	3	4
模糊集	PB	0	0	0	0	0	0	0	0.5	1
	PS	0	0	0	0	0	0.5	1	0.5	1
	ZO	0	0	0	0.5	1	0.5	0	0	0
	NS	0	0.5	1	0.5	0	0	0	0	0
	NB	0	0.5	0	0	0	0	0	0	0

（3）模糊规则的描述　根据日常的经验，设计以下模糊规则：

1）若e负大，则u负大；

2）若e负小，则u负小；

3）若e为0，则u为0；

4）若e正小，则u正小；

5）若e正大，则u正大。

其中，排水时，u为负，注水时，u为正。

上述规则采用“if A then B”（如果A则B）形式描述如下：

1）if $e=\text{NB}$ then $u=\text{NB}$；

2）if $e=\text{NS}$ then $u=\text{NS}$；

3）if $e=0$ then $u=0$；

4）if $e=\mathrm{PS}$ then $u=\mathrm{PS}$；

5）if $e=\mathrm{PB}$ then $u=\mathrm{PB}$。

根据上述经验规则，可得模糊控制表1-3。

表1-3 模糊控制规则表

若（if）	NBe	NSe	ZOe	PSe	PBe
则（then）	NBu	NSu	ZOu	PSu	PBu

（4）求模糊关系　模糊控制规则是一个多条语句，它可以表示为 $U\times V$ 上的模糊子集，即模糊关系为

$$R=(\mathrm{NB}e\times\mathrm{NB}u)\cup(\mathrm{NS}e\times\mathrm{NS}u)\cup(\mathrm{ZO}e\times\mathrm{ZO}u)\cup(\mathrm{PS}e\times\mathrm{PS}u)\cup(\mathrm{PB}e\times\mathrm{PB}u)$$

其中规则内的模糊集运算取交集，规则间的模糊集运算取并集。

$$\mathrm{NB}e\times\mathrm{NB}u=\begin{bmatrix}1\\0.5\\0\\0\\0\\0\\0\end{bmatrix}\times[1\quad 0.5\quad 0\quad 0\quad 0\quad 0\quad 0\quad 0\quad 0]$$

$$=\begin{bmatrix}1&0.5&0&0&0&0&0&0&0\\0.5&0.5&0&0&0&0&0&0&0\\0&0&0&0&0&0&0&0&0\\0&0&0&0&0&0&0&0&0\\0&0&0&0&0&0&0&0&0\\0&0&0&0&0&0&0&0&0\\0&0&0&0&0&0&0&0&0\end{bmatrix}$$

$$\mathrm{NS}e\times\mathrm{NS}u=\begin{bmatrix}0\\0.5\\1\\0\\0\\0\\0\end{bmatrix}\times[0\quad 0.5\quad 1\quad 0.5\quad 0\quad 0\quad 0\quad 0\quad 0]$$

$$
=\begin{bmatrix}
0 & 0 & 0 & 0 & 0 & 0 & 0 & 0 & 0 \\
0 & 0.5 & 0.5 & 0.5 & 0 & 0 & 0 & 0 & 0 \\
0 & 0.5 & 1 & 0.5 & 0 & 0 & 0 & 0 & 0 \\
0 & 0 & 0 & 0 & 0 & 0 & 0 & 0 & 0 \\
0 & 0 & 0 & 0 & 0 & 0 & 0 & 0 & 0 \\
0 & 0 & 0 & 0 & 0 & 0 & 0 & 0 & 0 \\
0 & 0 & 0 & 0 & 0 & 0 & 0 & 0 & 0
\end{bmatrix}
$$

$$
\mathrm{ZO}e \times \mathrm{ZO}u = \begin{bmatrix} 0 \\ 0 \\ 0.5 \\ 1 \\ 0.5 \\ 0 \\ 0 \end{bmatrix} \times [0 \quad 0 \quad 0 \quad 0.5 \quad 1 \quad 0.5 \quad 0 \quad 0 \quad 0]
$$

$$
=\begin{bmatrix}
0 & 0 & 0 & 0 & 0 & 0 & 0 & 0 & 0 \\
0 & 0 & 0 & 0.5 & 0.5 & 0.5 & 0 & 0 & 0 \\
0 & 0 & 0 & 0.5 & 1 & 0.5 & 0 & 0 & 0 \\
0 & 0 & 0 & 0.5 & 0.5 & 0.5 & 0 & 0 & 0 \\
0 & 0 & 0 & 0 & 0 & 0 & 0 & 0 & 0 \\
0 & 0 & 0 & 0 & 0 & 0 & 0 & 0 & 0 \\
0 & 0 & 0 & 0 & 0 & 0 & 0 & 0 & 0
\end{bmatrix}
$$

$$
\mathrm{PS}e \times \mathrm{PS}u = \begin{bmatrix} 0 \\ 0 \\ 0 \\ 0 \\ 1 \\ 0.5 \\ 0 \end{bmatrix} \times [0 \quad 0 \quad 0 \quad 0 \quad 0 \quad 0.5 \quad 1 \quad 0.5 \quad 0]
$$

$$
=\begin{bmatrix}
0 & 0 & 0 & 0 & 0 & 0 & 0 & 0 & 0 \\
0 & 0 & 0 & 0 & 0 & 0 & 0 & 0 & 0 \\
0 & 0 & 0 & 0 & 0 & 0 & 0 & 0 & 0 \\
0 & 0 & 0 & 0 & 0 & 0 & 0 & 0 & 0 \\
0 & 0 & 0 & 0 & 0 & 0.5 & 1 & 0.5 & 0 \\
0 & 0 & 0 & 0 & 0 & 0.5 & 0.5 & 0.5 & 0 \\
0 & 0 & 0 & 0 & 0 & 0 & 0 & 0 & 0
\end{bmatrix}
$$

$$\text{PB}e\times\text{PB}u=\begin{bmatrix}0\\0\\0\\0\\0\\0.5\\1\end{bmatrix}\times[0\ \ 0\ \ 0\ \ 0\ \ 0\ \ 0\ \ 0\ \ 0.5\ \ 1]$$

$$=\begin{bmatrix}0&0&0&0&0&0&0&0&0\\0&0&0&0&0&0&0&0&0\\0&0&0&0&0&0&0&0&0\\0&0&0&0&0&0&0&0&0\\0&0&0&0&0&0&0&0&0\\0&0&0&0&0&0&0&0.5&0.5\\0&0&0&0&0&0&0&0.5&1\end{bmatrix}$$

由以上五个模糊矩阵求并集，即求隶属函数的最大值，得到

$$R=\begin{bmatrix}1&0.5&0&0&0&0&0&0&0\\0.5&0.5&0.5&0.5&0&0&0&0&0\\0&0.5&1&0.5&0.5&0.5&0&0&0\\0&0&0&0.5&1&0.5&0&0&0\\0&0&0&0.5&0.5&0.5&1&0.5&0\\0&0&0&0&0&0.5&0.5&0.5&0.5\\0&0&0&0&0&0&0&0.5&1\end{bmatrix}$$

（5）模糊决策　模糊控制器的输出为误差向量和模糊关系的合成，即 $u=eR$。

当误差 e 为 NB 时，$e=[1,0.5,0,0,0,0,0]$ 控制器输出为

$$u=eR=[1\ \ 0.5\ \ 0\ \ 0\ \ 0\ \ 0\ \ 0]\begin{bmatrix}1&0.5&0&0&0&0&0&0&0\\0.5&0.5&0.5&0.5&0&0&0&0&0\\0&0.5&1&0.5&0.5&0.5&0&0&0\\0&0&0&0.5&1&0.5&0&0&0\\0&0&0&0.5&0.5&0.5&1&0.5&0\\0&0&0&0&0&0.5&0.5&0.5&0.5\\0&0&0&0&0&0&0&0.5&1\end{bmatrix}$$

$$=[1\ \ 0.5\ \ 0.5\ \ 0.5\ \ 0\ \ 0\ \ 0\ \ 0\ \ 0]$$

（6）控制量的反模糊化　由模糊决策可知，当误差为负大时，实际液位远

高于理想液位 $e = \mathrm{NB}$，控制器的输出为一模糊向量，可表示为

$$u = \frac{1}{-4} + \frac{0.5}{-3} + \frac{0.5}{-2} + \frac{0.5}{-1} + \frac{0}{0} + \frac{0}{+1} + \frac{0}{+2} + \frac{0}{+3} + \frac{0}{+4}$$

如果按照隶属度最大原则进行反模糊化，则选择控制量为 $u = -4$，即阀门的开度应关大一些，减少进水量。

5. 控制规则的取得

控制规则是模糊控制器的核心，它的正确与否直接影响到控制器的性能，其数目的多寡也是衡量控制器性能的一个重要因素。规则的取得方式有以下几个方面。

（1）专家的经验和知识　人类在日常生活常中判断事情，使用语言定性分析多于数值定量分析。而模糊控制规则提供了一个描述人类的行为及决策分析的自然架构。模糊控制也称为控制系统中的专家系统，专家的经验和知识在其设计上为重要来源之一。专家的知识通常可用“if…then”的形式来表述。通过询问经验丰富的专家，获得系统的知识，并将知识改为 if…then 的形式，如此便可构成模糊控制规则。除此之外，为了获得最佳的系统性能，常还需要多次使用试误法，以修正模糊控制规则。

（2）操作员的操作模式　现在流行的专家系统，其想法是只考虑知识的获得。但要将专家的知识和经验加以逻辑化并不容易，这就需要在控制上考虑技巧的获得。许多工业系统无法以一般的控制理论做确定的控制，但是熟练的操作人员在没有数学模式时，仍然能够成功地控制这些系统，这就是操作员的操作模式，将其整理为“if…then”的形式，即可构成一组可操作的控制规则。

（3）系统的强化学习　为了改善模糊控制器的性能，必须让控制系统有自我学习或自我组织的能力，使模糊控制器能够根据设定的目标，增加或修改模糊控制规则。

6. 模糊控制的优点及缺点

（1）优点

1）简化了系统设计的复杂性，特别适用于非线性、时变、滞后、模型不完全的系统控制。

2）不依赖于被控对象的精确数学模型。

3）利用控制法则来描述系统变量间的关系。

4）不用数值而用语言式的模糊变量来描述系统，模糊控制器不必对被控制对象建立完整的数学模式。

5）模糊控制器是一语言控制器，便于操作人员使用自然语言进行人机对话。

6）模糊控制器是一种容易控制、掌握的较理想的非线性控制器，具有较佳

的鲁棒性、适应性及容错性。

（2）缺点

1）模糊控制的设计尚缺乏系统性，对于复杂系统的控制很难奏效。难以建立一套系统的模糊控制理论，以解决模糊控制的机理、稳定性分析、系统化设计方法等一系列问题。

2）如何获得模糊规则及隶属函数，即系统的设计办法，基本上凭经验进行控制。

3）信息简单的模糊处理，将导致系统的控制精度降低和动态品质变差。若要提高准确度就必然增加量化级数，导致规则搜索范围扩大，降低决策速度，甚至难以进行实时控制。

4）如何保证模糊控制系统的稳定性，即如何解决模糊控制中关于稳定性和鲁棒性问题还有待进一步研究解决。

7. 解模糊化的一些有效方法

在实行模糊控制时，将许多控制规则进行上述推论演算，然后结合各个由演算得到的推论结果获得控制输出。为了求得受控系统的输出，必须将模糊集合解模糊化，也就是经过模糊控制决策，得到模糊量，执行控制，必须把模糊量转化为精确量，也就是要推导出模糊集合到普通集合的映射，即判决。实际上是在一个输出范围内，找到一个被认为最具有代表性的、可直接驱动控制装置的确切的输出控制值。反模糊化的判决方法很多，常采用的有重心法、最大隶属度法和加权平均法。在此将对三种常用解模糊化的方法做简单的介绍。

（1）重心法　为了获得准确的控制量，就要求模糊方法能够很好地表达输出隶属度函数的计算结果。重心法是取隶属度函数曲线与横坐标围成面积的重心，作为模糊推理的最终输出值，即

$$v_0 = \frac{\int_V v\mu_{\mathrm{v}}(v)\,\mathrm{d}v}{\int_V \mu_{\mathrm{v}}(v)\,\mathrm{d}v}$$

具有 m 个输出量化级数的离散阈情况如下：

$$v_0 = \frac{\sum_{k=1}^{m} v_k\mu_{\mathrm{v}}(v_k)}{\sum_{k=1}^{m} \mu_{\mathrm{v}}(v_k)}$$

与最大隶属度法相比，重心法具有更平滑的输出推理控制。即使对应于输入信号的微小变化，输出也会发生变化。

重心法是一种模拟方法，以销售、运输距离成本方面的控制为例，它将物流系

统中的需求点和资源点看成是分布在某一平面范围内的物流系统，将各点的需求量和资源量分别看成是物体的重量。将物体系统的重心作为物流网点的最佳设置点，利用求物体系统重心的方法来确定物流网点的位置，从而使销售成本降低的方法。

（2）最大隶属度法　选取推理结果模糊集合中隶属度最大的元素作为输出值，即

$$v_0 = \max \mu_{\mathrm{v}}(v), v \in V$$

如果在输出阈值 V 中，其最大隶属度对应的输出值多于一个，则取所有具有最大隶属度输出的平均值，即

$$v_0 = \frac{1}{N}\sum_{i=1}^{N} v_i, v_i = \max_{v \in V}[\mu_{\mathrm{v}}(v)]$$

N 为具有相同最大隶属度输出的总数。最大隶属度法不考虑输出隶属度函数的形状，只考虑最大隶属度处的输出值。因此，难免会丢失许多信息。它的突出优点是简单，在一些控制要求不高的场合，可以用最大隶属度法。

（3）加权平均法　加权平均法是用来对多种因素进行综合考量，以得到更加准确的结果。工业控制中广泛应用的反模糊化法是加权平均法，输出值由下式决定：

$$v_0 = \frac{\sum_{i=1}^{m} v_i k_i}{\sum_{i=1}^{m} k_i}$$

式中，v_0 表示计算的结果；k_i 表示各 v_i 的权重；v_i 表示各类参数的数值。

系数 k_i 的选择根据实际情况而定，不同的系数决定系统具有不同的响应特性。当系数 k_i 取隶属度时，就化为重心法。

（五）递阶智能控制

1. 递阶智能控制简介

定义：递阶控制系统是指各子系统的控制作用，由按照一定优先和从属关系安排的决策单元来实现的大系统。

递阶智能控制（Hierarchical Intelligent Control，HIC）简称递阶控制，递阶控制是智能控制最早的理论之一，而递阶智能控制系统结构已隐含在其他各种智能控制系统之中，成为其他各种智能控制系统的重要基础部分。递阶控制是在研究早期学习控制系统的基础上，从工程控制论角度总结人工智能与自适应控制、自学习控制和自组织控制的关系之后而逐渐形成的。

在已经提出几种递阶控制理论中，以萨里迪斯提出的基于三个控制层次和IPDI原理的三级递阶智能控制系统最具代表性。此外，还有基于知识描述和数学解析的两层混合智能控制系统、采用四层递阶控制结构以及三段六层递阶控制

结构的智能控制系统等。

2. 递阶控制的特点

递阶控制的特点是具有金字塔结构，能够通过决策器实现整体优化。它主要用于特大型生产系统、社会经济系统、电力通信系统等。形成的金字塔结构中，同级决策单元平行工作，对下级施加影响，同时与上级交换信息，受上级干预；便于系统描述，使整个系统资源得到较好利用，增加系统的可靠性和灵活性。

递阶控制系统有三种基本结构形式，即多重递阶结构、多层递阶结构和多级递阶结构。广泛应用于钢铁、石油、造纸等复杂工业领域，以及经济、管理、行政组织等部门。

递阶控制系统是一种特殊的反馈控制系统。它是采用多个控制器组成的组合控制，每个控制器分别控制被控对象的一部分，然后用另外的控制器（称为协调器和决策器）对控制器加以协调控制，以使被控制对象的各部分协调工作。

3. 递阶控制的组成

递阶控制系统结构如图 1-23 所示。控制系统一般分为三个层次，第一层是直接控制级，即图中的局部子系统控制级，用来直接控制被控对象，这一层一般采用微处理器。第二层是监督控制级，即图中的局部协调级，用来进行最优或自适应控制，负责指挥直接控制级工作并向上一级传送信息，这一层级一般采用控制计算机。第三层是管理信息级，即图中的全局组织级，主要用来对系统进行管理并调度、指挥、监督控制级工作。

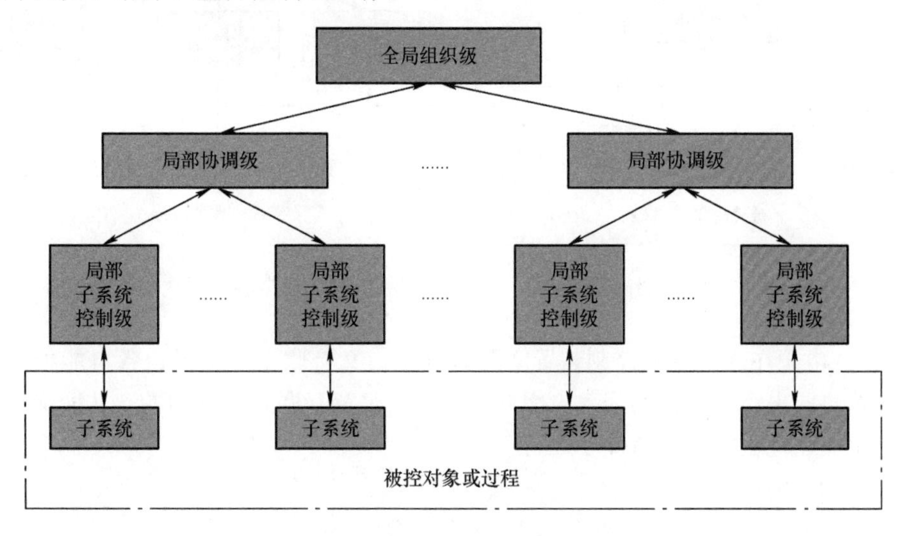

图 1-23 递阶控制系统结构示意图

管理信息级是整个系统的中枢，它根据监督控制级提供的信息及被控对象的要求编制全面反映整个系统工作情况的报表，审核控制方案，选择控制模型，制定最优控制策略，对下一层下达命令等。管理信息级通常是一个功能较强的通用计算机。整个系统可以根据控制任务的需要，建立若干监督控制系统，每个监督控制系统又可建立若干个子系统。

控制器在递阶控制系统中是在协调器的调节下控制整个大系统的一部分；协调器用来协调具体控制器间关系的控制器，它是在决策器的指挥下，对各控制器的各种操作进行调节，以实现整体优化；决策器是一种分析反馈信息，是用来进行宏观决策的控制器。

由于控制器在控制过程中形成了递阶关系，因而称其为递阶控制。递阶控制也可称为多层控制或多级控制，在一些小控制系统中则采用图 1-24 所示的集中控制系统。

4. 递阶控制系统的优点

1）递阶控制系统的优点是各个分级具有各自的分工范围，它们之间相互协调。协调由上一级完成，下级数据传送到上一级，由上一级根据生产要求进行协调，并把协调后的指令送达各有关的下一级，再由下一级实现。

2）分散控制装置是自治的系统，它采集生产过程的各种数据，按控制要求输出有关信号，送至执行机构完成控制操作，如图 1-25 所示。

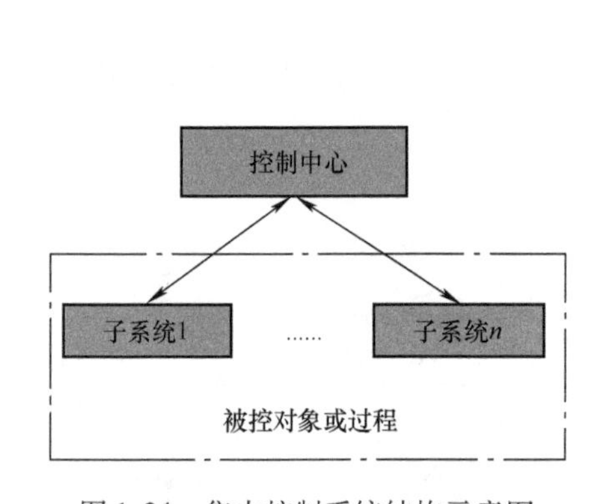

图 1-24　集中控制系统结构示意图

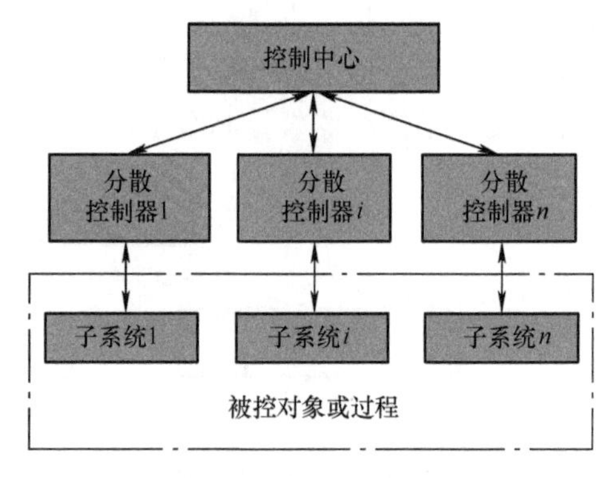

图 1-25　分散控制系统结构示意图

3）由于在各个分散控制装置间既有分工，又有联系，同时，各自能根据上一级的协调来完成各自的任务，因此，它们又是相互联系和制约的，从而保证整个系统能在优化的操作条件下运行。

（六）PID 控制

1. 概述

PID 控制又称为 PID 调节，是工业生产中最常用的一种控制方式。PID 控制器主要由比例单元 P（proportion）、积分单元 I（integration）和微分单元 D（differentiation）组成，其组成结构示意图如图 1-26 所示，其控制仪表实物如

图 1-27 所示。

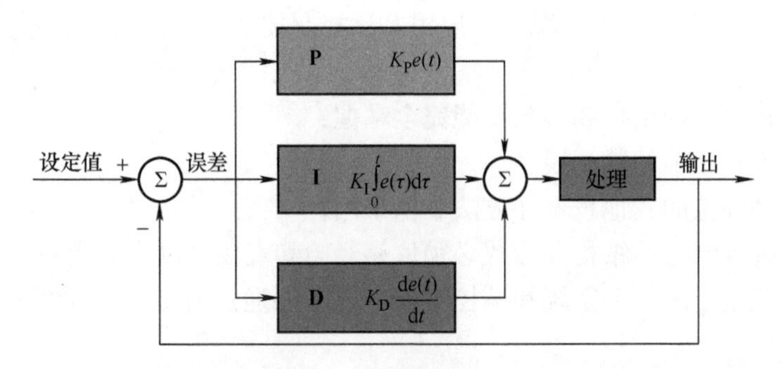

图 1-26 PID 控制结构示意图

如何理解 PID 控制？又如何理解负反馈？下面举一个简单的例子说明。

图 1-27 液晶显示 PID 控制仪表图

人在走路的时候不能闭着眼睛，因为眼睛是反馈环节。即使视力出现问题，也要有导盲犬、探路杖、盲道等措施弥补，所有这些措施都是反馈环节。大脑收集到反馈以后，一定会进行负反馈处理。走路时，眼睛看到路后会发出信号“偏左了”或“偏右了”，然后让人体的指挥机构，即大脑进行修正。大脑收到偏离信号后，大脑要对反馈信号与目标信号相减，然后指挥双腿进行修正。这个修正的相减信号就是负反馈。如果相加则为正反馈，那样就会越来越偏离道路。

作为最早实用化的控制器已有近百年历史，因简单易懂，使用中不需精确的系统模型等先决条件，因而现在仍然在工程中得到广泛应用。尤其是在闭环控制系统中，实现多回路的正负反馈控制。这个理论和应用的关键是做出正确的测量和比较后，如何才能更好地纠正系统的偏差。其输入 $e(t)$ 与输出 $u(t)$ 的关系式如下：

$$u(t) = K_P\left[e(t) + \frac{1}{T_I\int e(t)\,dt} + \frac{T_D de(t)}{dt}\right]$$

式中，积分的上限、下限分别为 0 和 t，因此，其传递函数为

$$G(s) = \frac{U(s)}{E(s)} = K_P\left(1 + \frac{1}{T_I s} + T_D s\right)$$

式中，K_P 为比例系数；T_I 为积分时间常数；T_D 为微分时间常数。

2. PID 控制机理剖析

当控制系统遇到下列情况时，应用 PID 控制技术最为方便，最适合用 PID 控制技术。

1）被控对象的结构和参数不能完全掌握；

2）得不到精确的数学模型；

3）控制理论的其他技术和方法难以采用；

4）系统控制器的结构和参数必须依靠经验和现场调试来确定；

5）不完全了解一个系统和被控对象，或不能通过有效的测量手段来获得系统参数。

尽管不同类型控制器的结构、原理各不相同，但是基本控制规律只有三个，即比例（P）控制、积分（I）控制和微分（D）控制。这几种控制规律可以单独使用，但是更多场合是组合使用，如比例－积分（PI）控制、比例－积分－微分（PID）控制等。值得注意的是，在 PID 各种组合中必须含有比例（P）控制。

（1）比例（P）控制　单独的比例控制也称为有差控制，输出的变化与输入控制器的偏差成比例关系，偏差越大，输出越大。实际应用中，比例度的大小应视具体情况而定，比例度太大，控制作用小，不利于系统克服扰动，余差太大，控制质量差；比例度太小，控制作用太强，容易导致系统的稳定性变差，引发振荡。

对于反应灵敏、放大能力强的被控对象，为提高系统的稳定性，应当缩小比例度；而对于反应迟钝，放大能力又较弱的被控对象，应放大比例度，以提高整个系统的灵敏度，也可以相应减小余差。

单纯的比例控制适用于扰动不大、滞后较小、负荷变化小、要求不高、允许有一定余差存在的场合，工业生产中比例控制规律使用较为普遍。

（2）比例积分（PI）控制　比例控制规律是基本控制规律中最基本的、应用最普遍的一种，其最大优点就是控制及时、迅速。只要有偏差产生，控制器立即产生控制作用。但是，不能最终消除余差的缺点限制了它无法单独使用。克服余差的办法是在比例控制的基础上加上积分控制作用。

积分控制器的输出与输入偏差对时间的积分成正比，这里的积分指的是“积累”的意思。积分控制器的输出不仅与输入偏差的大小有关，还与偏差存在的时间有关。只要偏差存在，输出就会不断累积（输出值越来越大或越来越小），一直到偏差为零，累积才会停止。所以，积分控制可以消除余差，故积分控制规律又称无差控制规律。

积分时间的长短表征了积分控制作用的强弱，积分时间越短，控制作用越强；反之，控制作用越弱。

积分控制虽然能消除余差，但它存在着控制的时滞问题。因为积分输出的累积是渐进的，其产生的控制作用总是落后于偏差的变化，不能及时有效地克服干扰的影响，难以使控制系统稳定下来，所以实用中一般不单独使用积分控制，而是与比例控制相结合，构成比例积分控制。这样取二者之长，互相弥补，既有比例控制作用的迅速及时，又有积分控制作用消除余差的能力。因此，比例积分控制可以实现较为理想的过程控制。

比例积分控制器是目前应用最为广泛的一种控制器，多用于工业生产中液位、压力、流量等控制系统。由于引入积分作用能消除余差，弥补了纯比例控制的缺陷，可获得较好的控制质量。但是积分作用的引入会使系统稳定性变差，因此对于有较大惯性滞后的控制系统，要尽量避免使用。

（3）比例微分（PD）控制　比例积分控制对于时间滞后的被控对象使用不够理想，所谓时间滞后指的是当被控对象受到扰动作用后，被控变量没有立即发生变化，而是有一个时间上的延迟，比如容量滞后，此时比例积分控制显得迟钝、不及时。为此，人们设想能否根据偏差的变化趋势来做出相应的控制动作呢？正如有经验的操作人员，既可根据偏差的大小来改变阀门的开度（比例作用）；又可根据偏差变化的速度大小来预测将要出现的情况，提前进行过量控制，“防患于未然”。这就是具有“超前”控制作用的微分控制规律。微分控制器输出的大小取决于输入偏差的变化速度。

微分输出只与偏差的变化速度有关，而与偏差的大小以及偏差是否存在无关。如果偏差为一个固定值，不管多大，只要不变化，则输出的变化一定为零，控制器没有任何控制作用。微分时间越长，微分输出维持的时间就越长，因此微分作用越强；反之则越弱。当微分时间为零时，就没有微分控制作用了。同理，微分时间的选取也是需要根据实际情况来确定的。

微分控制作用的特点是动作迅速，具有超前调节功能，可有效改善被控对象有较长时间滞后的控制品质；但是它不能消除余差，尤其是在恒定偏差输入时，根本就没有控制作用。因此，不能单独使用微分控制规律。

比例和微分作用结合，比单纯的比例作用更快。尤其是对容量滞后大的对象，可以减小动偏差的幅度，节省控制时间，显著改善控制质量。

（4）比例－积分－微分（PID）控制　最为理想的控制当属比例－积分－微分控制规律，它集三者之长，既有比例作用的及时迅速，又有积分作用的消除余差能力，还有微分作用的超前控制功能。

当偏差阶跃出现时，微分立即大幅度动作，抑制偏差的这种跃变；比例也同时起消除偏差的作用，使偏差幅度减小，由于比例作用是持久和起主要作用的控制规律，因此可使系统保持稳定；而积分作用则慢慢把余差克服掉。只要三个作用的控制参数选择得当，便可充分发挥三种控制规律的优点，得到较为理想的控制效果。

3. PID 控制的参数

（1）关键参数的作用　在 PID 控制使用中只需设定三个关键参数，即比例系数 K_P，积分系数 T_I 和微分系数 T_D 即可。在很多情况下，并不一定需要全部三个单元，可以根据系统控制的要求，取其中的一到两个单元，但比例控制单元是必不可少的。

1）比例系数 K_P 是表示输出变化程度的系数。

K_P 为调节系统对输入变化响应的相对大小的参数，即表示系统输出的绝对变化，当输入变化时，输出也跟着变化的非线性关系。可以将其看作是控制器的控制系数，根据这一系数来调节输出量。故可理解为相对输入量，输出量的变化程度以及改变输入的变化率。

例如，变频器的 PID 功能是利用目标信号和反馈信号的差值来调节输出频率的，一方面希望目标信号和反馈信号无限接近，即差值很小，从而满足调节的准确度；另一方面又希望调节信号具有一定的幅度，以保证调节的灵敏度。解决这一矛盾的方法就是事先将差值信号放大。比例增益 P 就是用来设置差值信号的放大系数的，任何一种控制器的参数 P 都给出一个可设置的数值范围，一般在初次调试时，P 可按中间偏大值预置，或者暂时默认出厂值，待设备运转时再按实际情况细调。

2）积分系数 T_I 是表示抑制输出误差的系数。

T_I 用来弥补比例系数的不足，其目的是有效地抑制输出误差，使系统的反应更加连续、稳定，达到更加优化调节的效果。该系数的另一个重要作用是帮助参数收敛，对参数的收敛程度有较强的把控能力，能够在较短的时间内达到更优的调节效果。因此，积分系数有助于系统更快且更加精准地实现目标控制要求。

如上所述，比例增益 P 越大，调节灵敏度越高，但由于系统运作和控制电路都有惯性，调节结果达到最佳值时不能立即停止，因此会导致超调，然后反过来调整，再次超调，形成振荡。为此引入积分环节 I，其效果是使经过比例增益 P 放大后的差值信号在积分时间内逐渐增大（或减小），从而减缓其变化速度，防止振荡。但积分时间 I 太长，又会在反馈信号急剧变化时导致被控物理量难以迅速恢复。因此，I 的取值与拖动系统的时间常数有关，拖动系统的时间常数较小时，积分时间应短些；拖动系统的时间常数较大时，积分时间应长些。

3）微分系数 T_D 是抵抗外界不利因素影响的系数。

T_D 通过分析系统对输入变化的响应，用来抑制输出的延时和不稳定性。有助于使系统更快地收敛，响应更快。还可以帮助系统抵抗外界干扰，从而有效实现变量控制的要求。

微分时间 D 是根据差值信号变化的速率，提前给出一个相应的调节动作，从而缩短了调节时间，克服因积分时间过长而使恢复滞后的缺陷。D 的取值也与拖动系统的时间常数有关，拖动系统的时间常数较小时，微分时间应短些；拖动系统的时间常数较大时，微分时间应长些。

（2）参数的整定　PID 控制器的参数整定是控制系统设计的核心内容，它是根据被控过程的特性，确定 PID 控制器比例系数的大小及积分时间和微分时间的长短。

PID 控制器参数整定的方法很多，概括起来有两大类：

一是理论计算整定法，它主要是依据系统的数学模型，通过理论计算确定控制器参数。这种方法所得到的计算数据无法直接用，还必须通过工程实际进行调整和修改。

二是工程整定方法，它主要依赖工程经验，直接在控制系统的试验中进行，且方法简单、易于掌握，在工程实际中被广泛采用。

PID 控制器参数的工程整定方法主要有临界比例法、反应曲线法和衰减法。以上三种方法各有其特点，其共同点都是通过试验，然后按照工程经验公式对控制器参数进行整定。但无论采用哪一种方法所得到的控制器参数都需要在实际运行中进行最后调整与完善。现在一般采用的是临界比例法，利用该方法进行 PID 控制器参数的整定步骤如下：

1）首先预选择一个足够短的采样周期让系统工作；

2）仅加入比例控制环节，直到系统对输入的阶跃响应出现临界振荡，记下这时的比例放大系数和临界振荡周期；

3）在一定的控制度下通过公式计算得到 PID 控制器的参数。

（3）参数调整原则　PID 参数的预置是相辅相成的，运行现场应根据实际情况进行如下细调：被控物理量在目标值附近振荡，首先延长积分时间 I，如仍有振荡，则可适当减小比例增益 P。被控物理量在发生变化后难以恢复，首先加大比例增益 P，如果恢复仍较缓慢，可适当缩短积分时间 I，还可延长微分时间 D。

综上所述，PID 控制的三个关键参数分别对应三个系统对于不同状态的反应能力。当三个系数改变时，对系统特性的影响见表 1-4。

表 1-4　关键系数变化对系统特性影响趋势表

各个单元产生效应	比例单元（P）、积分单元（I）、微分单元（D）变化的影响				
	上升时间	超调量	稳定时间	静态误差	稳定性
K_P↑（比例系数）	缩短	增大	小幅度延长	减小	减小
T_I↑（积分系数）	小幅度缩短	增大	延长	微弱变化	减小
T_D↑（微分系数）	小幅度缩短	减小	缩短	大幅度减小	增大

4. 现实意义

目前工业自动化水平已成为衡量各行各业现代化水平的一个重要标志。同时，控制理论的发展也经历了古典控制理论、现代控制理论和智能控制理论三个阶段。

智能控制的典型实例是模糊全自动洗衣机等。自动控制系统可分为开环控制系统和闭环控制系统。一个控制系统包括控制器、传感器、变送器、执行机构、输入/输出接口。控制器的输出经过输出接口和执行机构加到被控系统上；控制系统的被控量经过传感器和变送器，通过输入接口送到控制器。不同的控制系统，其传感器、变送器、执行机构是不一样的。比如压力控制系统要采用压力传感器，电加热控制系统的传感器是温度传感器。目前，PID 控制及其控制器或智能 PID 控制器的仪表已有很多，产品也已在工程实际中得到了广泛的应用，其中 PID 控制器参数的自动调整是通过智能化调整或自校正、自适应算法来实现的。已经投入使用的有 PID 控制压力、温度、流量、液位控制器，能实现 PID 控制功能的可编程控制器（PLC），还有能实现 PID 控制的 PC 系统等。PLC 是利用其闭环控制模块来实现 PID 控制，而 PLC 可以直接与 Control Net 相连，如 Rockwell 的 PLC－5 等。还有可以实现 PID 控制功能的控制器，如 Rockwell 的 Logix 产品系列，它可以直接与 Control Net 相连，利用网络来实现其远程控制功能。几种常用的 PID 控制原理图如图 1-28～图 1-30 所示。

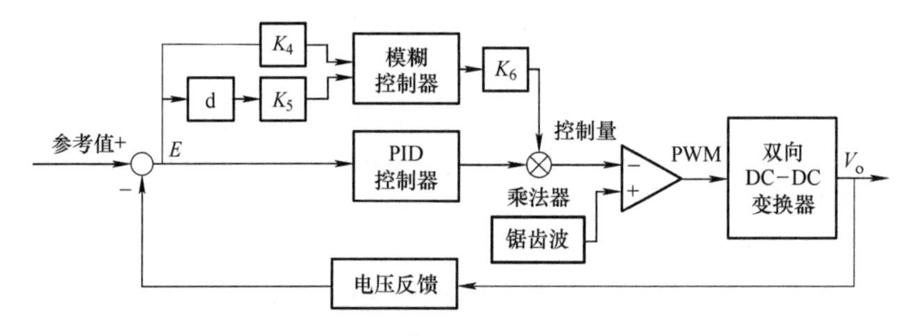

图 1-28　模糊 PID 控制原理图

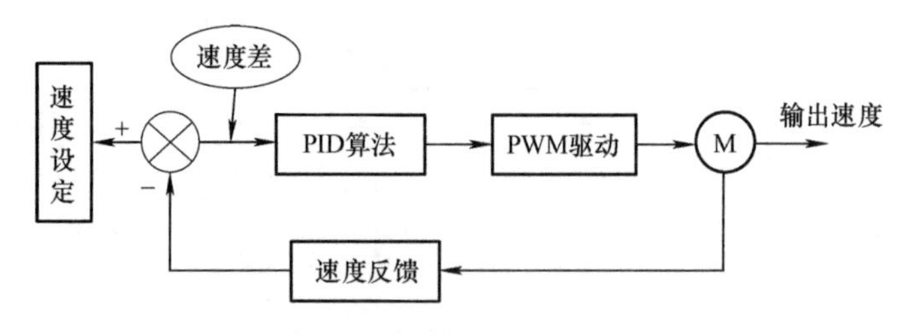

图 1-29　电机速度 PID 控制原理图

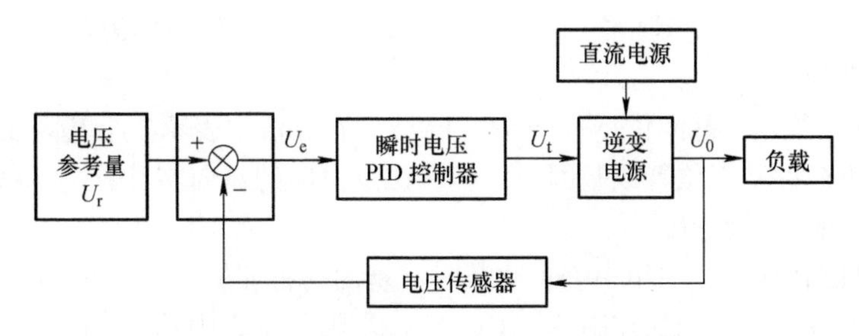

图 1-30　逆变器输出电压 PID 控制原理图

（七）遗传算法优化控制

1. 遗传算法优化控制的概念

遗传算法（Genetic Algorithm，GA）是 1962 年由美国密歇根大学的 Holland 教授提出的，是模拟自然界遗传机制与生物进化论的一种并行随机搜索优化控制方法。

遗传算法根据“适者生存、优胜劣汰”等自然进化规则来进行搜索计算和问题求解。对许多传统数学难以解决或明显失效的复杂问题，特别是优化问题，GA 提供了一个行之有效的途径。其本质是一种概率搜索算法，即通过利用编码技术的二进制数组的组合、变异模拟群体的进化过程。

遗传算法通过有组织的随机的信息交换来重新结合适应性强的二进制数组，在一定概率下，在二进制数组中尝试新的段位组合，并替换原来的二进制数组的组合，类似于自然进化。保留适应性强的二进制数组，即由目标函数决定其二进制数组是否为适应性强的二进制数组，并不断地“繁殖”，直到得到满意的优化结果，其原理如图 1-31 所示。

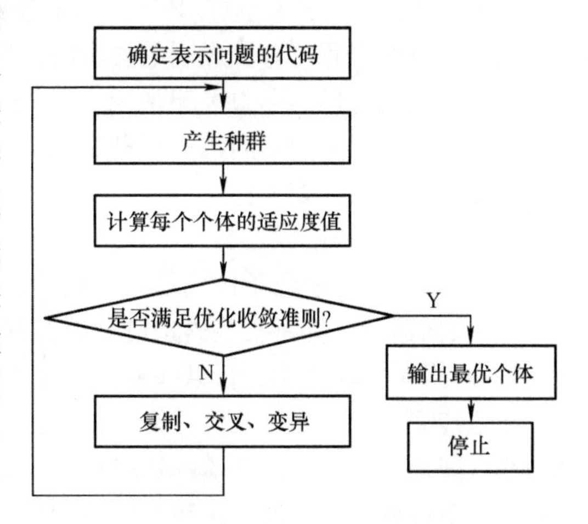

图 1-31　遗传算法原理方框图

2. 遗传算法术语说明

由于遗传算法是由进化论和遗传学机理而产生的搜索算法，所以在这个算法中会用到很多生物遗传学知识，下面是将会用来的一些术语说明。

1）染色体：染色体（chromosome）又可以叫作基因型个体（individuals），一定数量的个体组成了群体（population），群体中个体的数量叫作群体大小。

2）基因：基因（alleles）是串中的元素，基因用于表示个体的特征。例如有一个串 S = 1011，则其中的 1，0，1，1 这 4 个元素分别称为基因，它们的值称为等位基因。

3）基因位点：基因位点（genetic locus）在算法中表示一个基因在串中的位置，有时也简称基因位置或基因位。基因位点由串的左向右计算，例如在串 S = 1101 中，0 的基因位点是 3。

4）基因特征值：在用串表示整数时，基因的特征值（gene feature value）与二进制数的权一致。例如在串 S = 1011 中，基因位置 3 中的 1，它的基因特征值为 2；基因位置 1 中的 1，它的基因特征值为 8。

5）适应度：个体对环境的适应程度叫作适应度（fitness）。为了体现染色体的适应能力，引入了对问题中的每一个染色体都能进行度量的函数，叫适应度函数（fitness function）。这个函数是计算个体在群体中被使用的概率。

3. 遗传算法的特征

遗传算法对于求解的问题本身没有要求，也不需要严格苛刻的诸如“连续”“可导”的数学假设，并且具有并行计算的特征，可通过大规模并行计算来提高计算与处理速度，比较适合大规模复杂问题的优化处理。

基于遗传算法的优势，在于其适用于控制器设计过程中的参数优化，即利用遗传算法寻优。例如，对于变频泵控制电动机的调速系统，可设计 PID 控制器，利用遗传算法搜索寻找最优的 PID 控制器参数，以使得误差积分（ITAE）性能指标最小，或用于研究直流无刷电动机的转速控制。除此之外，遗传算法还可以用于路径的优化选择、电力调配系统、汽车工业的制造系统等。

遗传算法是解决搜索问题的一种通用算法，对于各种通用问题都可以使用。搜索算法的共同特征如下：

1）首先组成一组候选解；

2）依据某些适应性条件测算这些候选解的适应度；

3）根据适应度保留某些候选解，放弃其他候选解；

4）对保留的候选解进行某些操作，生成新的候选解。

在遗传算法中，上述几个特征以一种特殊的方式组合在一起，即基于染色体群的并行搜索，带有猜测性质的选择操作、交换操作和突变操作，这种特殊的组合方式是遗传算法与其他搜索算法的不同之处。

遗传算法还具有以下几方面的特点：

1）遗传算法从问题解的串集开始搜索，而不是从单个解开始，这是遗传算法与传统优化算法的最大区别。传统优化算法是从单个初始值迭代求最优解的，容易误入局部最优解。遗传算法从串集开始搜索，覆盖面大，利于全局择优。

2）遗传算法同时处理群体中的多个个体，即对搜索空间中的多个解进行评估，减少了陷入局部最优解的风险，同时算法本身易于实现并行化。

3）遗传算法基本上不用搜索空间的知识或其他辅助信息，而仅用适应度函数值来评估个体，在此基础上进行遗传操作。适应度函数不仅不受连续、可微的约束，而且其定义域可以任意设定，这一特点使得遗传算法的应用范围大幅度扩展。

4）遗传算法不是采用确定性规则，而是采用概率的变迁规则来指导搜索方向。

5）遗传算法具有自组织、自适应和自学习性，它利用进化过程获得的信息自行组织搜索时，适应度大的个体具有较高的生存概率，并获得更适应环境的基因结构。

6）此外，算法本身也可以采用动态自适应技术，在进化过程中自动调整算法控制参数和编码准确度，比如使用模糊自适应法。

4. 运算过程

遗传算法是一类借鉴生物界的进化规律（适者生存，优胜劣汰的遗传机制）演化而来的随机化搜索方法，它由美国的 J. Holland 教授于 1975 年首先提出。其主要特点是直接对结构对象进行操作，不存在求导和函数连续性的限定；具有内在的隐并行性和更好的全局寻优能力；采用概率化的寻优方法，能自动获取和指导优化的搜索空间，自适应地调整搜索方向，不需要确定的规则。遗传算法的这些性质已被人们广泛地应用于组合优化、机器学习、信号处理、自适应控制和人工生命等领域。它是现代有关智能计算中的关键技术。

对于一个求函数最大值或求函数最小值的优化问题，一般可以描述为下列数学规划模型：

$$\begin{cases}\max f(X)\\ X\in R\\ R\subset U\end{cases}$$

式中，X 为决策变量；$\max f(X)$ 为目标函数式；U 为基本空间；$X\in R$，$R\subset U$ 为约束条件；R 是 U 的子集。

满足约束条件的解 X 称为可行性解，集合 R 表示所有满足约束条件的解组成的集合，称为可行性集合。

遗传算法也是计算机科学人工智能领域中用于解决最优化的一种搜索启发式算法，是进化算法的一种。进化算法是借鉴了进化生物学中的一些现象而发展起来的，这些现象包括遗传、突变、自然选择以及杂交等。遗传算法在适应度函数选择不当的情况下有可能收敛于局部最优，而不能达到全局最优，其基本运算过程如下：

1）初始化：设置进化代数计数器 $t=0$，设置最大进化代数 T，随机生成 M 个个体作为初始群体 $P(0)$。

2）个体评价：计算群体 $P(t)$ 中各个个体的适应度。

3）选择运算：将选择算子作用于群体，选择的目的是把优化的个体直接遗传到下一代或通过配对交叉产生新的个体再遗传到下一代。选择操作是建立在群体中个体的适应度评估基础上的。

4）交叉运算：将交叉算子作用于群体，遗传算法中起核心作用的就是交叉算子。

5）变异运算：将变异算子作用于群体，即是对群体中的个体串的某些基因座上的基因值作变动。群体 $P(t)$ 经过选择、交叉、变异运算之后得到下一代群体 $P(t+1)$。

6）终止条件判断：若 $t=T$，则以进化过程中所得到的具有最大适应度个体作为最优解输出，终止计算。

5. 不足之处

进入20世纪90年代，遗传算法迎来了兴盛发展时期，无论是理论研究还是应用研究都成了十分热门的课题。尤其是遗传算法的应用研究显得格外活跃，不但它的应用领域扩大，而且利用遗传算法进行优化和规则学习的能力也显著提高，同时产业应用方面的研究也在摸索之中。此外一些新的理论和方法在应用研究中也得到了迅速发展，这些无疑都给遗传算法增添了新的活力。遗传算法的应用研究已从初期的组合优化求解扩展到许多更新、更工程化的应用方面。

但是，由于遗传算法的研究和应用开发均较晚，而且在一些控制中有不少的控制方法可以在一定的约束条件下应用，所以遗传算法还存在一系列不足之处，有待进一步研究解决。

1）遗传算法编码不规范及编码表示得不准确。

2）单一的遗传算法编码不能全面地将优化问题的约束表示出来。考虑约束的一个方法就是对不可行解采用阈值，这样计算的时间必然增加。

3）遗传算法的效率比其他传统的优化方法低。

4）遗传算法容易过早收敛。

5）遗传算法对算法的准确度、可行度、计算复杂性等方面，还没有有效的定量分析方法。

6. 遗传算法的应用

由于遗传算法的整体搜索策略和优化搜索方法在计算时不依赖于梯度信息或其他辅助知识，而只需要影响搜索方向的目标函数和相应的适应度函数，所以遗传算法提供了一种求解复杂系统问题的通用框架，它不依赖于问题的具体领域，对问题的种类有很强的鲁棒性，所以得到广泛应用，下面将介绍遗传算法的一些主要应用领域：

（1）函数优化　函数优化是遗传算法的经典应用领域，也是遗传算法进行性能评价的常用算例，许多人构造出各种各样复杂形式的测试函数，如连续函数和离散函数、凸函数和凹函数、低维函数和高维函数、单峰函数和多峰函数等。对于一些非线性、多模型、多目标的函数优化问题，用其他优化方法较难求解，而遗传算法可以方便地得到较好的结果。

（2）组合优化　随着问题规模的增大，组合优化问题的搜索空间也急剧增大，有时在目前的计算上用枚举法很难求出最优解。对于这类复杂的问题，人们已经意识到应把主要精力放在寻求满意解上，而遗传算法是寻求这种满意解的最佳工具之一。实践证明，遗传算法对于组合优化中的非确定多项式（Non - Deterministic Polynomial，NP）问题非常有效。例如，遗传算法已经在求解旅行商问题、背包问题、装箱问题、图形划分问题等方面得到成功应用。

此外，遗传算法也在生产调度问题、自动控制、机器人学、图像处理、人工生命、遗传编码和机器学习等方面获得了广泛的运用。

（3）车间调度　车间调度问题是一个典型的所有 NP 问题都能在多项式时间复杂度内归约到的问题（NP - Hard），遗传算法作为一种经典的智能算法广泛用于车间调度中，很多学者都致力于用遗传算法解决车间调度问题，现今也取得了十分丰硕的成果。从最初的传统车间调度（JSP）问题到柔性作业车间调度问题（FJSP），遗传算法都有优异的表现，在很多算例中都得到了最优或近优解。

（八）进化控制

进化控制（evolutionary control）是对进化计算，特别是基于遗传算法机制和传统反馈机制的控制方法和控制过程。图 1-32 所示为进化控制的原理结构示意图。图中 Ta 是一种任务的抽象描述，U 为控制作用。可见，进化控制是一个动态控制过程。

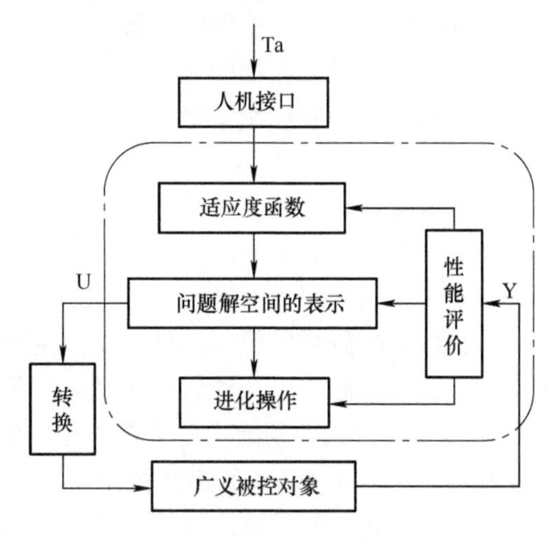

图 1-32　进化控制原理结构示意图

1. 发展历史

进化控制源于生物的进化机制。20 世纪 90 年代末，在遗传算法等思想提出 20 年后，生物医学界和自动控制界出现了研究进化控制的端倪。1998 年，埃瓦尔德（Ewald）、萨斯曼（Sussmam）和维森特（Vicente）等人将生物界进化计算原理用于病毒性疾病控制。1997—1998 年，我国学者周翔提出机电系统的进化控制思想，并将它应用于移动机器人的导航控制，取得了初步研究成果。2002 年，郑浩然等人将基于生命周期的进化控制时序引入进化计算过程，以提高进化算法的性能。2003 年，媒体报道称英国国防实验室研制出一种具有自我修复功能的蛇形军用机器人，该机器人的软件依照遗传算法，能够使机器人在受伤时，依然在数字染色体的控制下继续蜿蜒前进。尽管对进化控制的研究尚不多见，但已有一个好的开端，可望有较大的发展。

2. 基本概念

进化控制建立于进化计算和反馈控制相结合的基础之上。

反馈是一种基于刺激/反应（或感知/动作）行为的生物获得适应能力和提高性能的途径，也是各种生物生存的重要调节机制和自然界基本法则。

进化是自然界的另一个适应机制。相对于反馈而言，进化更着重于改变和影响生命特征的内在本质因素，通过反馈作用提高的性能需要由进化作用加以巩固。自然进化需要漫长的时间来巩固优越的性能，而反馈作用却能够在很短的时间内加以实现。

从控制角度看，进化计算的基本概念和要素（如编码与解码、适应度函数、遗传操作等）中都或多或少地隐含了反馈原理。例如，可把适应函数视为控制理论中的性能目标函数，对给定的目标信息和作用效果的反馈信息进行比较评判，并据评判结果指导进化操作。又如，遗传操作中的选择操作实质上是一种维持优良性能的调节作用，而交叉和变异操作则是两种提高和改善性能可能性的操作。在编码方式中，反馈作用不够直观，但其启发知识实质上也是一种反馈，是一种类似 PID 中微分作用的先验性前馈作用。

进化机制与反馈控制机制的结合，以及对其进一步的理论分析和研究（如反馈作用对适应度函数的影响、进化操作算子的控制和表示方式的选取等）将有助于对进化计算收敛可控性、时间复杂度等方面的深入研究，并有利于进化计算中一些基本问题的解决。

3. 系统组成结构

进化控制的研究已提出多种进化控制系统结构，但至今仍缺乏一般公认的通用结构模式。下面给出几种比较典型的进化控制系统结构。

（1）直接进化控制结构　直接进化控制结构是由遗传算法（GA）直接作用于控制器，构成基于 GA 的进化控制器。进化控制器对受控对象进行控制，再通过反馈形成进化控制系统。在许多情况下，进化控制器为一个混合控制器。

在运用进化计算解决某个任务时，其本质就是在任务的解空间中寻找最优解。如果在进化计算的实现中引入反馈，则形成进化控制的机制。图 1-33 给出了一种直接进化控制的结构示意图，它将遗传算法直接作用于控制器，构成了基于 GA 的进化控制器。

（2）间接进化控制结构　间接进化控制结构是将进化机制（进化学习）作用于系统模型，再综合系统状态输出与系统模型输出作用于进化学习，然后系统

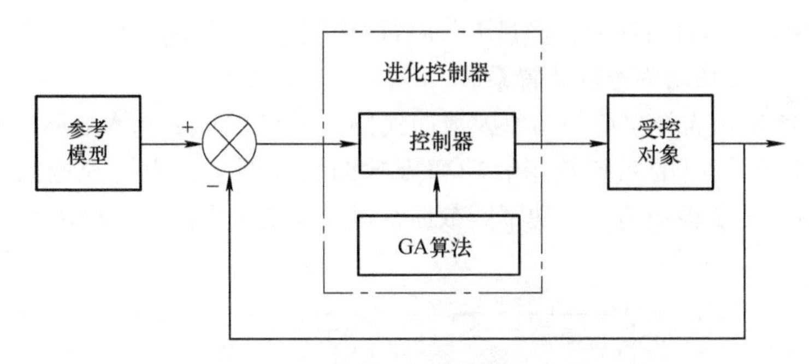

图 1-33　直接进化控制的结构示意图

应用一般闭环反馈控制原理构成进化控制系统。与第一种结构相比，本结构比较复杂，但其控制性能优于前者。

例如，三相无功功率补偿间接进化控制结构如图 1-34 所示。根据是否直接控制输出电流的相位来分，无功功率补偿系统可分为电流直接控制和电流间接控制。在间接控制电路中，无功功率补偿系统装置对逆变器所产生的交流电压基波的相位和幅值的控制，以此来间接控制无功功率补偿系统装置的交流侧电流。间接控制分为单 δ 控制和 δ 与 θ 配合控制。采用单 δ 控制时，虽然简单有效，但是忽略了对 θ 的控制，使得直流侧电容电压稳定比较困难，损耗增加。在 δ 与 θ 配合控制中，δ 角的控制用于无功功率的控制，而对 θ 角的控制可以起到维持电容电压稳定的作用。因此，可以对无功功率控制采用逆系统非线性 PI 方法，对无功功率控制直流侧电容电压采用传统的 PI 控制方法，而且两个控制环相互独立，互不干扰。

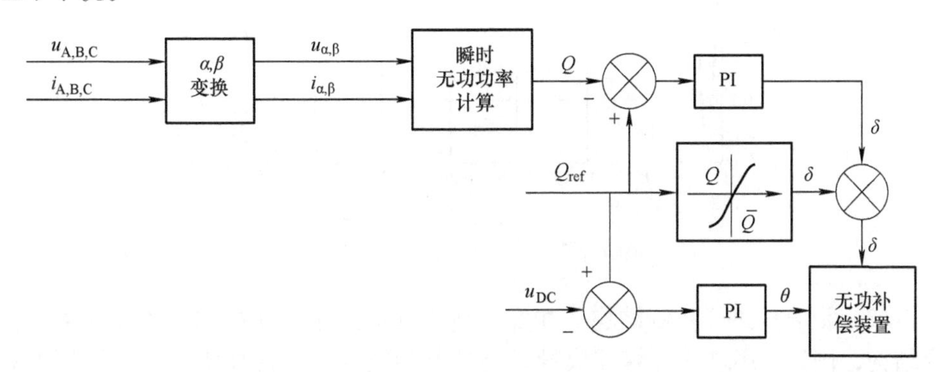

图 1-34　三相无功功率补偿间接进化控制的结构示意图

图 1-34 所示的 δ 与 θ 配合的逆系统 PI 控制框图中，三相瞬时电压 $u_{A,B,C}$ 和瞬时电流 $i_{A,B,C}$，经过 α、β 变换和瞬时无功功率计算得到补偿无功功率 Q，并与参考补偿补偿无功功率 Q_{ref} 进行比较，经过 PI 环节得到控制量 δ，参考电压 u_{ref}

与直流侧电压 u_{DC}进行比较，经过 PI 环节得到控制量 θ，将控制量 δ 和 θ 作为控制参数输入至无功功率控制装置系统。

图 1-35 所示为补偿前的功率因数曲线图，可见，$\cos\varphi$ 基本上稳定在 0.7 左右。而图 1-36 给出的系统补偿后功率因数曲线证明了在电容充电后，经过了 0.06s 左右，振荡很快消失，功率因数曲线进入稳定工作区域，功率因数 $\cos\varphi$ 接近 1。

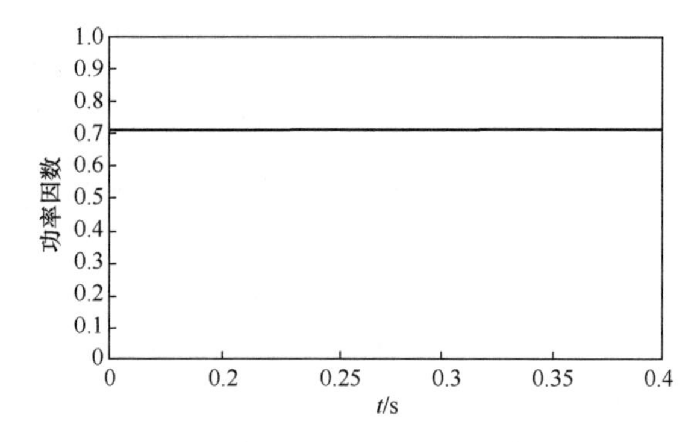

图 1-35　补偿前功率因数曲线图

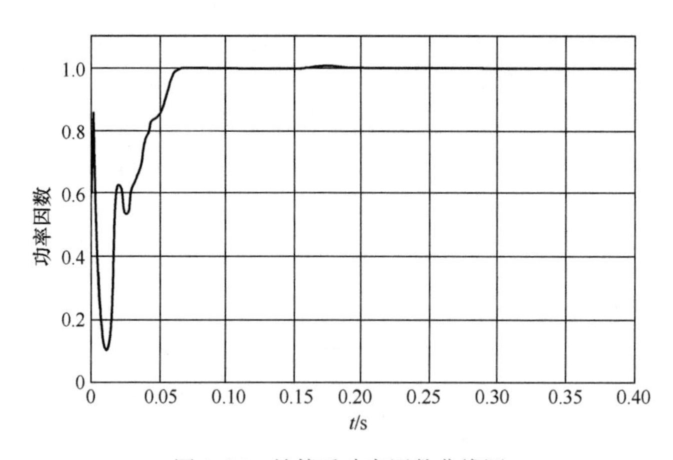

图 1-36　补偿后功率因数曲线图

（3）混合式进化控制结构　在实际研究和应用中进化控制系统往往采用混合结构，例如采用进化计算与模糊预测控制的结合、遗传算法与开关控制的集成、进化机制与神经网络的综合控制等，实际上它们都属于混合控制。

图 1-37 所示的体系结构是多机器人系统研究的一个重要课题和重要内容，它主要是研究如何组织和控制机器人的硬件和软件系统来实现机器人需要完成的功能。在机器人学的发展过程中，许多学者根据不同的思路提出了很多各具特色的控制系统结构，主要有传统结构、包容式结构、反应控制式结构、分层递阶式

结构和混合式体系结构。根据多机器人编队的要求，将基于 Motor Sehema 的反应式结构和分层式结构结合起来，设计了一种混合式体系结构，如图 1-37 所示。可见，整体上采用分层式结构，对于编队控制模块采用基于 Motor Sehema 的反应式的控制结构。该混合式结构采用模块式设计，对于不同的任务要求，易于重新构造，且适用于动态、开放的环境。从图 1-37 可见，整个系统包括通信模块、传感器模块、队形控制模块、执行器模块和环境模块。

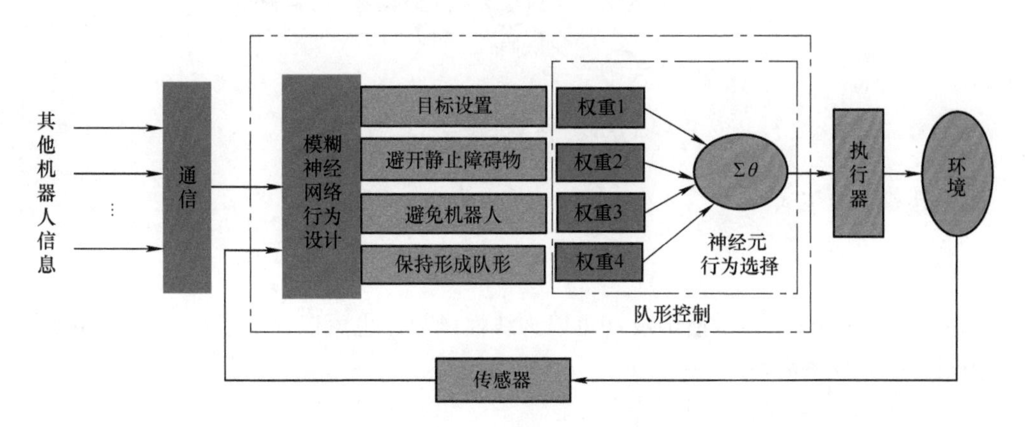

图 1-37 多机器人编队体系结构示意图

4. 进化控制的意义

进化控制的意义在于为探索智能的本质和产生智能的机制以及复杂系统的控制提供了一套新的思路和视角，丰富了控制理论的内容，为解决复杂系统的控制寻求一种通用方法，因而有着重要的理论价值和广阔的应用前景。

现在，已经将进化控制理论运用于移动机器人自主导航系统的设计与开发，研制出新一代机器人产品原型，即基于功能/行为集成的自主进化导航移动机器人，并应用于实验室环境，将进化控制机制与领域知识有机结合。可以将研究成果应用于包括多智能体的协调控制及大型生产过程的优化控制等领域。

（九）人工神经网络控制

1. 人工神经网络控制的概念

人工神经网络（Artificial Neural Network，ANN）控制是从人脑神经系统的学习机制着手，通过模拟人脑的思维能力而仿建的一类模型。通过许多简单的关系来实现复杂的函数，其本质是一个非线性动力学系统，但它不依赖数学模型，是一种介于逻辑推理和数值计算之间的工具和方法。

1943 年美国心理学家麦卡洛克（W. S. Mcculloch）和数学家皮茨（Walter H. Pitts）合作，采用逻辑数学作为工具，研究客观事件在形成神经网络中的描述，从此开创了神经网络的理论研究。他们分析、总结了神经元的基本特性，从而提出了 MP 神经元数学模型。1982 年，美国物理学家 J. Hopfield 提出了 Hopfield 网络，其网络为一个互联的非线性动力学网络，解决了回归网络学习问题。1986 年，美国的 PDP 研究小组提出了 BP 网络，初步实现了有导师指导下的网络学习，为神经网络展示了应用前景，其模型如图 1-38 所示。

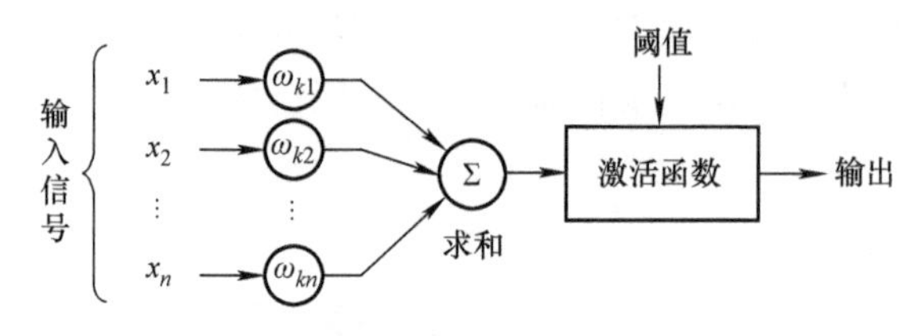

图 1-38　神经元模型示意图

其数学表达式为

$$y = f\left(\sum_{i=1}^{m} \omega_i x_i - \theta\right)$$

式中，y 为输出；f 为激活函数（可以为线性函数，也可以为非线性函数）；θ 为阀值；ω_i 为权系数。

2. 人工神经网络控制的特性功能

神经网络是利用大量的神经元按一定的拓扑结构和学习调整方法，由大量与生物神经系统的神经细胞相类似的人工神经元互连而成的网络。这种神经网络具有某些智能和仿人控制功能，它能表示出丰富的特性，这些特性是人们长期追求和期望的系统特性。

学习算法是神经网络的主要特征，也是当前研究的主要课题。学习的概念来自生物模型，它是指机体在复杂多变的环境中进行有效的自我调节。

神经网络具备类似人类的学习功能，一个神经网络若想改变其输出值，但又不能改变它的转换函数，则只能改变其输入，而改变输入的唯一方法只能通过修改加在输入端的加权系数达到改变其输出值的目的。常用的学习算法有 Hebb 学习算法、widrow Hoff 学习算法、反向传播学习算法（BP 学习算法）、Hopfield 反馈神经网络学习算法等。

它在智能控制的参数、结构或环境的自适应、自组织、自学习等控制方面具有独特的能力。神经网络可以和模糊逻辑一样适用于对任意复杂对象的控制，从控制论的角度可以看出，该模型与模糊逻辑不同的是擅长单输入多输出（SIMO）系统和多输入多输出（MIMO）系统的多变量控制。在模糊逻辑表示的 SIMO 系统和 MIMO 系统中，其模糊推理、解模糊过程以及学习控制等功能常用神经网络来实现。神经网络模型具有分布式存储、高度容错性、冗余性、并行计算处理、非线性运算等特性功能，它在智能控制的参数、结构或环境的自适应、自组织、自学习等控制方面具有独特的能力。这些特性是人们长期追求和期望的系统特性，给不断面临挑战的控制理论的完备带来了可能。

3. 模糊神经网络技术和神经模糊逻辑技术

模糊逻辑和神经网络作为智能控制的主要技术已被广泛应用，两者既有相同点又有不同点。其相同点为两者都可作为万能逼近器解决非线性问题，并且都可以应用到控制器设计中。不同点为模糊逻辑可以利用语言信息描述系统，而神经网络则不行；模糊逻辑应用到控制器设计中，其参数定义有明确的物理意义，因而可提出有效的初始参数选择方法；神经网络的初始参数（如权值等）只能随机选择，但在学习方式下，神经网络经过各种训练，其参数设置可以达到满足控制所需的行为。可以认为神经网络技术是模仿人类大脑的硬件，模糊逻辑技术是模仿人类大脑的软件。根据模糊逻辑和神经网络的各自特点，所结合的技术即为模糊神经网络技术和神经模糊逻辑技术。智能控制的相关技术与控制方式结合或综合交叉结合，构成风格和功能各异的智能控制系统和智能控制器，这是智能控制技术方法的一个主要特点。

4. 人工神经网络控制系统的应用

目前神经网络系统可用于系统辨识、故障诊断、控制算法的寻优等场合。将神经网络模型和 PID 控制相结合，利用神经网络系统的学习功能，用来确定和调整 PID 的参数，即形成神经网络 PID 算法。

经典的内模控制将被控系统的正向模型和逆向模型直接加入反馈回路，系统的正向模型作为被控对象的近似模型与实际对象并联，两者的输出之差被用作反馈信号，该反馈信号又经过前向通道的滤波器及控制器进行处理，从而形成神经网络内模控制，体现系统的鲁棒性。在传统的自适应控制基础上，神经网络自适应控制也得到了发展。

在现代大系统中，为适用于高超音速飞行器系统，提出了基于神经网络自适应控制方法，并在现代应用中证明了其稳定性和有效性。考虑双旋翼多输入/多输出的非线性系统，提出了反馈线性化方法，设计出了反馈神经网络控制器，并在实践中证明了闭环系统的全局稳定性。

此外，神经元网络模型与其他智能算法相结合，可形成多种新型复合智能控制算法，例如与模糊控制算法相结合，可以建立模糊神经网络控制器，以及基于遗传算法的神经网络控制和专家系统神经网络等。目前，神经网络控制已经在机械臂控制系统中广泛应用；在船舶航向的鲁棒控制、汽车转向控制、机器人控制等领域也得到应用。在多智能体领域，研究神经网络的应用，对于信号的传输和控制是一个有待广泛开发的方向。神经网络具有并行运算的优势，可以处理数据量较大的复杂问题，加之现代社会网络发达，所产生的数据量越来越庞大，大数据时代庞大的数据需要快速处理，为神经网络控制的发展提供了相应的条件与发展空间。

（十）人工免疫控制

1. 人工免疫控制系统的概念

人工免疫控制系统（Artificial Immune Control System，AICS）是将生物的免疫系统概念应用于信息处理系统的控制方法。

近年来，神经网络和进化计算得到了国内外的研究者的极大重视，并已应用于一些领域。而人工免疫控制系统由于其复杂性，目前所得到的研究成果还较少。

免疫系统是生物所必备的防御机理，免疫系统中最重要的细胞是淋巴细胞，主要包括 B 和 T 两类淋巴细胞。T 细胞又分为抑制 T_S 细胞（suppressor T cells）和辅助 T_H 细胞（helper T cells）。在整个生命过程中，各种细胞起到各自不同的作用，其反馈原理图如图 1-39 所示。

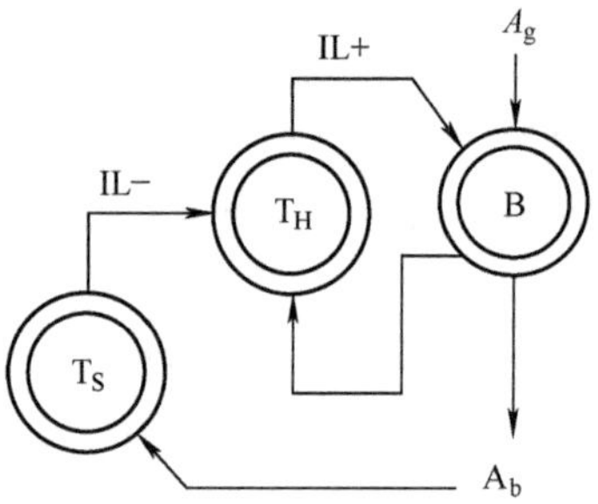

图 1-39　免疫反馈原理图

B 细胞：持续地从骨髓产生。其主要功能是产生抗体，执行特异体液免疫功能。

T 细胞：由胸腺产生，执行特异细胞免疫和免疫调节功能。T_S 细胞用于抑制 B 细胞对某一刺激的反应；而 T_H 细胞则帮助 B 细胞对某一刺激产生反应。抑制机理和帮助反馈机理之间相互协作，使免疫系统反应得以稳定。生物的免疫过程如图 1-40 所示。

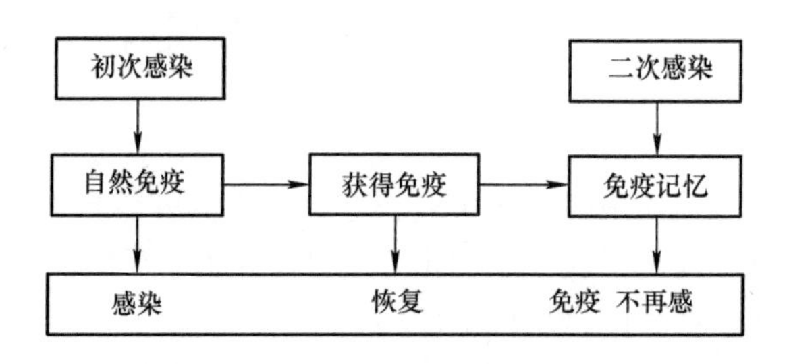

图 1-40　生物免疫过程示意图

可见，通过免疫反馈机理对抗原的快速反应和很快地稳定免疫系统，其基本算法的逻辑关系如图 1-41 所示。

2. 人工免疫控制系统的定义

人工免疫控制系统是借助生物学的“免疫”概念。通过从不同种类的“抗体”中构造自己原来没有的、非线性的自适应网络，在处理动态变化环境中起主要作用。从工程控制角度而言，免疫计算系统结合人类先验知识得到自适应能力，从而提供新颖的解决复杂问题的潜力和方法。其生物学免疫和智能控制的人工免疫概念相对应的实际内容见表 1-5。

由于人工免疫控制系统研究较晚，且还不够成熟，所以对其定义五花八门，综合各研究机构的观点，可以得出如下定义。

定义：人工免疫控制系统是以人类等高等脊椎动物的免疫系统为原型，利用生物免疫的原理和机制，在智能控制领域发展的各类模型、算法及其在工程和科学的应用中产生的各种智能系统的统称。它是与生物免疫系统相对应的工程控制概念同类型，如同人工神经网络与神经系统，进化计算与遗传系统，模糊控制与人类模糊思维控制概念等。

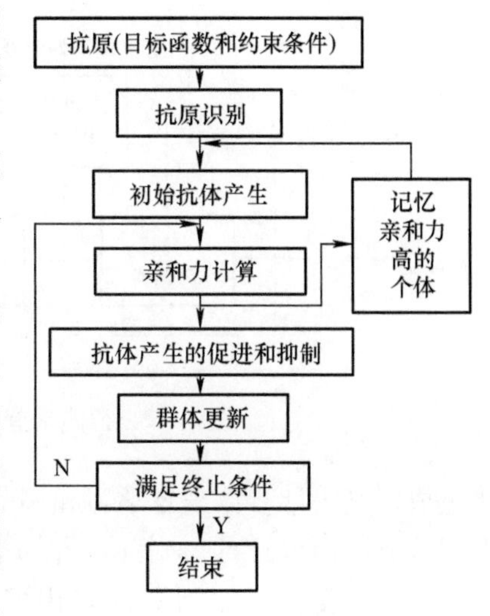

图 1-41 基本免疫算法流程图

表 1-5 利用生物学免疫概念的免疫控制算法与免疫控制规划对应表

生物学免疫系统	免疫控制算法	免疫控制规划
抗原	所求解的问题	所有可能错误的基因，即非最佳个体的基因
抗体	求解问题的一种方案	根据疫苗修正某个个体基因所得到的新个体
疫苗	针对具体问题所提取的最基本的特征信息	根据进化环境或待求解问题的先验知识，所得最佳个体基因的估计
接种疫苗	先验知识修正个体基因使得到的新个体以较大的概率具有更高适应度	根据疫苗修正个体基因的过程，消除原来在新个体产生时所带来得负面影响

对于智能控制系统的人工免疫控制系统的原理为：在智能调节的免疫神经网络反馈控制系统中，免疫控制器由一个 P 型免疫控制器和一个控制增量模块组成。P 型免疫控制器的设计参数由一个智能调节器来学习和调节。也可以采用一个模糊控制器来实现以上智能调节作用。根据所控制对象的不同，可以采用不同参数 K、η 和非线性函数 $f\left[u(k),\Delta u(k)\right]$，从而可获得多种不同形式的非线性控制器，以适合于不同的控制对相，如图 1-42 所示。

而控制增量模块可用神经网络来实现。如果考虑一个多层反馈网络，通过学习得到所需要的控制增量模块中的设计参数（K_1，K_2，$\cdots$，K_{n-1}）。还可以采用遗传算法来在线学习神经网络，得到一组最优的控制参数，使整个免疫控制系统达到最优。

在图 1-42 中，免疫控制器由一个基本的 P 型免疫控制器和一个控制增量模

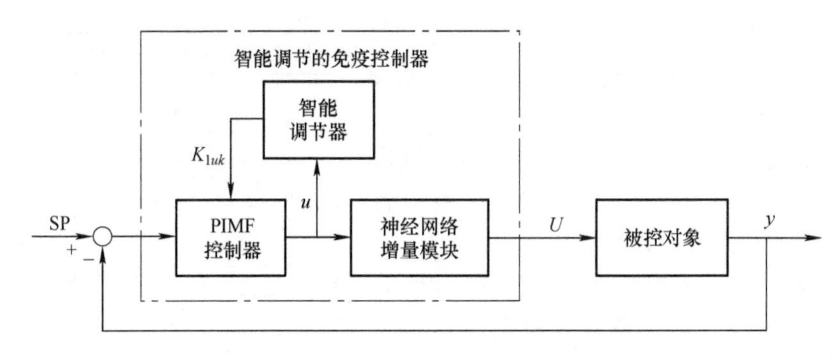

图 1-42　智能调节的免疫神经网络反馈控制系统

块组成，其设计参数来自学习和调节，控制增量模块是根据常规控制理论中的极点配置方法而设计的。对于一个 n 阶对象，控制系统的阶数应为（$n-1$）。于是，对于P型免疫控制器的输出经控制增量模块运算后，整个控制器的输出应为

$$U = K_0\int_0^k u(\tau)\mathrm{d}\tau + K_1 u + K_2 u^{(1)} + \cdots + K_{n-1}u^{(n-2)}$$

$$u^{(1)}(k) = \frac{u(k) - u(k-1)}{\Delta t}$$

$$u^{(2)}(k) = \frac{u(k) - 2u(k-1) + u(k-2)}{\Delta t^2}$$

$$u^{n-2}(k) = \frac{f[u(k),\cdots,u(k-n+2)]}{\Delta t^{n-2}}$$

$$U(k) = K_0'\sum_{i=0}^{k} u_i + K_1'u(k) + K_2'u(k-1) + \cdots + K_{n-1}'u(k-n+2)$$

$$G_A(S) = \frac{1}{S^3 + 1.75S^2 + 2.15S + 1}$$

$$\dot{y}(t) = 0.5y^2(t) - y(t) + x(t)$$

3. 反馈规律

基于以上T细胞反馈调节的原理，考虑以下简单的反馈机理。定义在第 k 代的抗原数量为 $\varepsilon(k)$，由抗原 $T_{\mathrm{H}}(k)$ 刺激的细胞的输出为 T_{S}，T_{S} 细胞对B细胞的影响为 $T_{\mathrm{S}}(k)$，则B细胞接收的总刺激为

$$S(k) = T_{\mathrm{H}}(k) - T_{\mathrm{S}}(k)$$

式中，$T_{\mathrm{H}}(k) = k_1\varepsilon(k)$；$T_{\mathrm{S}}(k) = k_2 f[\Delta S(k)]\varepsilon(k)$。

若将抗原的数量 $\varepsilon(k)$ 作为偏差，B细胞接收的总刺激 $S(k)$ 作为控制输入 $u(k)$，则有以下反馈控制规律：

$$u(k) = K\{1 - \eta f[\Delta u(k)]\}e(k)$$

4. 算法

常规 PID 控制输出的离散形式如下，其中 K_P、T_I、T_D 分别为比例、积分和微分系数：

$$u(k)=K_P\left(1+\frac{T_I}{z-1}+T_D\frac{z-1}{z}\right)e(k)$$

P 控制器的控制算法为

$$u(k)=K_Pe(k)$$

根据免疫规律，免疫 PID 的输出为

$$U(k)=\overline{K}_P\left(1+\frac{T_I}{z-1}+T_D\frac{z-1}{z}\right)e(k)$$

它会随着控制器输出的变化而变化。

以下列出几种算法的流程图，供学习时参考。其中图 1-43 所示为克隆选择算法流程图；图 1-44 所示为否定选择算法流程图；图 1-45 所示为免疫遗传算法流程图。

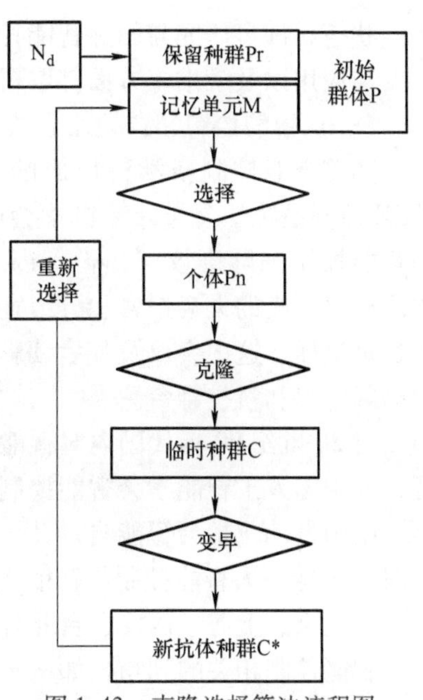

图 1-43 克隆选择算法流程图

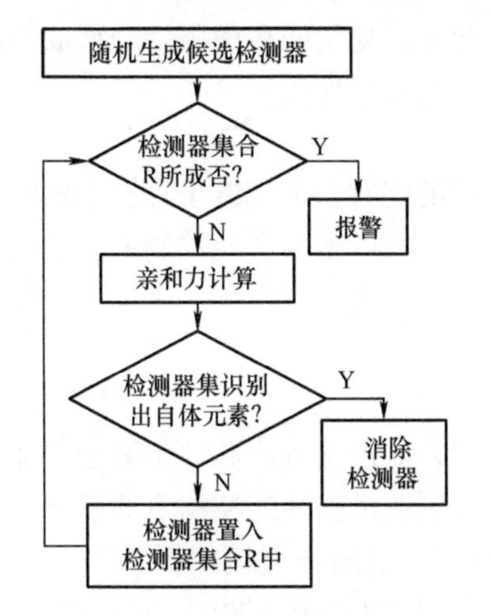

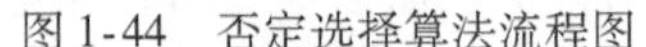

图 1-44 否定选择算法流程图

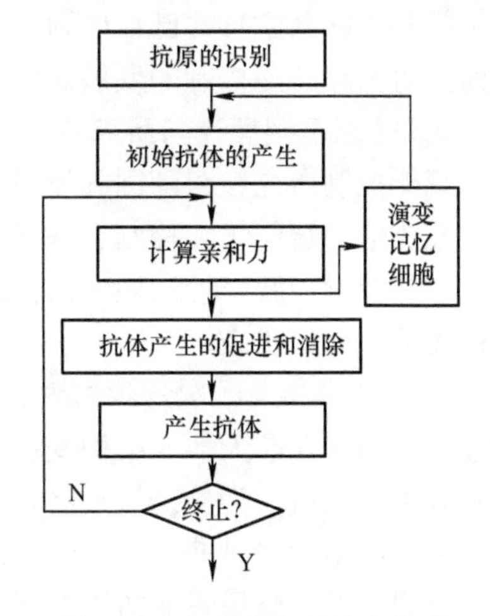

图 1-45 免疫遗传算法流程图

八、中国智能控制领域的科技成果及发展趋势

1967 年，利昂兹（Leondes）等人首次使用“智能控制”一词，这一术语的出现要比“人工智能”晚 11 年，比“机器人”晚 47 年，可见国际开始研究智能控制的时间较晚。相对于人工智能和机器人学，中国的智能控制研究虽然起步晚于智能控制的发源地美国，但自国际智能控制学科诞生后，就基本上保持紧密

跟随状态，许多研究与国际智能控制前沿研究保持同步，并有所创新。在研究、开发与应用以及学术多方面都取得了让世界不可小视的成果。

（一）智能控制学科的建立

随着智能控制新学科形成的条件逐渐成熟，1987 年 1 月，在美国费城由 IEEE 控制系统学会与计算机学会联合召开的智能控制的第一次国际学术盛会，即智能控制国际会议（International Symposium on Intelligent Control，ISIC）上，中国代表提交的大会报告和分组宣读的论文及专题讨论，都显示出我国智能控制的长足进展。这次会议及其后续影响表明，智能控制作为一门独立学科已正式登上国际学术和科技舞台。

自 20 世纪 90 年代国内对智能控制的研究进一步活跃，相关学术组织不断出现，如中国人工智能学会智能控制与智能管理专业委员会，智能机器人专业委员会，中国自动化学会智能自动化专业委员会等。1993 年由中国学者组织召开的首届“全球华人智能控制与智能自动化大会”“智能控制与自动化世界大会”已分别在北京、上海、西安、台北等 12 个城市举办了 13 届。

智能控制相关的刊物，如《模式识别与人工智能》《智能系统学报》和《智能技术学报》（*CAAI Transaction on Intelligence Technology*）等先后创刊，表明智能控制作为一门独立的新学科，已在中国建立起来，也说明在中国已经形成智能控制学科，而且对国际智能控制的发展起到较大的促进作用。

（二）智能控制基础理论与研究方法

中国的智能控制研究在跟随国际发展步伐的同时，也创造了具有中国特色的智能控制研究成果。智能仿人控制、基于智能特征模型的智能控制方法、生物控制论、神经学习控制、智能控制四元结构理论、免疫控制系统、多尺度智能控制等都是这些成果的突出代表。

1. 基于智能特征模型的智能控制方法

吴宏鑫及其团队在航天器变结构变系数的智能控制方法和基于智能特征模型的智能控制方法等领域，为复杂航天器和工业制造过程智能控制器的设计开拓了一条新的道路。应用于“神舟”飞船返回控制、空间环境模拟器控制、交会对接和空间站控制、卫星整星瞬变热流控制等方面，不仅在实践应用与制造方法中取得了令世界瞩目的业绩，还在智能控制理论上取得了创新成果。

2. 多学科、多层次、系统化的智能控制方法

王飞跃是国际上较早进入智能控制领域研究的学者之一，他采用多学科、多层次、系统化的研究方法，从交叉性的角度探索智能控制，从结构、过程、算法和实现方面建立了一套解析和完备的智能控制理论，并应用于许多工程中复杂系统的控制和管理。例如，代理控制方法、智能指挥与控制体系、智能交通系统、智能空间和智能家居系统、综合工业自动化等领域。他主持的“智能控制理论

与方法的研究”获得2007年国家自然科学奖二等奖。此外，王飞跃还提出了平行控制思想，这是一种从学习控制发展到智能控制的学习控制方法论，将实际系统与人工系统相结合，用人工系统的计算实验完善实际系统优化控制策略，帮助实现对复杂系统的有效控制。

3. 智能控制系统和生物控制论研究

涂序彦也是较早进入智能控制领域研究的学者，1976年率先开展智能控制研究，1980年主持研制的模糊控制器等智能控制器，多次获河北省科技进步奖。1986年承担的国家自然科学基金项目“智能控制系统”，提出多级自寻优智能控制器、多级模糊控制和产生式自学习控制等新方法，将智能控制应用于冶金等生产过程。并撰写了《生物控制论》专著，推动了国内生物控制论研究。

4. 模拟人的控制行为与功能的智能控制

仿人控制（human - simulated control）综合了递阶控制、专家控制和基于模型控制的特点，实际上可以把它看作一种混合智能控制。仿人控制的思想是周其鉴等学者于1983年正式提出的，现已形成了一种具有明显特色的控制理论体系和比较系统的设计方法。仿人控制的基本思想是在模拟人的控制结构的基础上，进一步研究和模拟人的控制行为与功能，并将它用于控制系统，实现控制目标。

5. 智能控制四元交集结构理论

智能控制的学科结构理论体系是智能控制基础研究的一个重要课题。自1971年美籍华裔学者傅京孙提出把智能控制作为人工智能和自动控制的（二元）交接领域之后，三元交集结构和四元交集结构逐步出台，直至现在的多因素控制，这些智能控制学科结构思想有助于人们对智能控制的进一步深刻认识。蔡自兴于1987年提出的四元智能控制结构如图1-46所示，他认为智能控制是自动控制（AC或CT）、人工智能（AI）、信息论（IT或IN）和运筹学（OR）四个子学科的交集，智能控制四元交集结构理论成果已被收入了《中国大百科全书》。

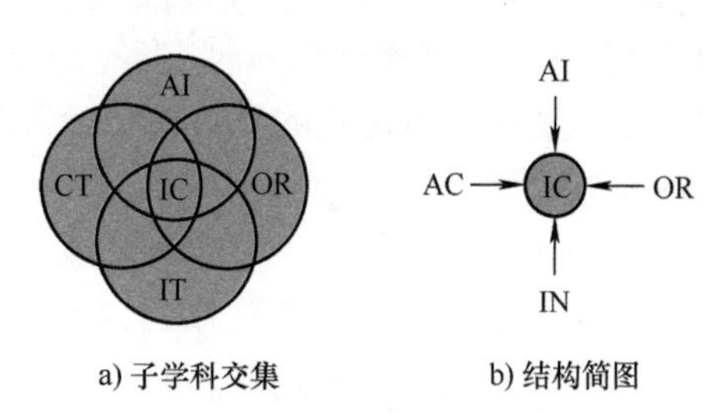

图1-46　智能控制的“四元结构”示意图

6. 开发钢铁工业神经学习控制系统

中国学者吕勇哉教授于1989年将专家系统和知识工程用于工业控制而获美国仪器学会UOP技术奖。1995年和1996年发表在美国《钢铁工程师》（*Iron and Steel Engineer*）杂志的论文《迎接钢铁工业智能化系统技术的挑战》（*Meeting the challenge of intelligent system technologies in the iron and steel industry*）和《热镀锌线镀层重量控制的集成神经系统》（*Integrated neural system forcoating weight control of hot dip galvanizing line*)，是世界上第一个用于热浸镀线的神经学习控制系统，对国际智能控制做出了重要贡献。先后获得美国钢铁工程师协会的 Kelly 最优论文奖，1998 年他因对工业系统建模与智能控制的贡献而当选 IEEE 会士。

7. 智能制造过程的多尺度智能控制

任教于香港城市大学的李涵雄教授，提出智能制造是一个多尺度复杂性和不确定性的过程，即一个工厂通常拥有一个以上包含不同过程的生产线，每个过程可能集成多种机器或装备组合，整个制造过程可视为递阶结构，从底层的机器控制，到中层的监督控制和生产调度，再到高层的企业管理。对于不同层级的特性与动力学差异，需要不同的连续和离散控制作用。建立了一种多尺度建模与控制（multiscale modeling and control）任务，涉及底层过程的智能传感、系统离线的优化设计、在线多变量过程控制和高层决策的智能学习等。他还强调，对于一个领域的系统性工作，应当采用自底向上的方法逐步建立，从动态建模到系统设计、过程控制和智能监控，再到全厂管理控制。这个开发任务将是一个长期的、循环的、逐步提升的完善过程。他将该智能控制设计思想应用于国家“973 计划”高性能 LED 制造与装备中的关键基础问题研究第四课题“封装装备执行系统的多参数耦合设计及高加速度复合运动生成”；国家自然科学基金面上项目“面向芯片智能固化过程的时空多模型监控系统”；国家自然科学基金项目“针对电子封装中热力过程的具有时空处理机能的三维模糊自调节控制系统”等多个国家科技项目中。

8. 纳米机器人控制取得新的突破

2005 年，中国科学院沈阳自动化研究所建立了国内第一台纳米操作机器人系统，并在此基础上率先开展了与生命科学相交叉的前沿科学研究，在单分子病毒三维操作方面的应用正是该研究的代表项目。针对该问题，纳米课题组以基于 AFM 的纳米操作机器人为基础，研究了针对腺病毒的三维空间操作控制方法。实验结果表明，利用基于局部扫描技术的三维操作策略，不仅能够实现对病毒分子在三维空间中的自由操作，还能根据设计构筑出全病毒分子的三维纳米结构。为发展基于病毒分子的新型三维纳电子器件提供了技术途径。

（三）高水平的论文与学术专著的出版

中国虽然开展智能控制研究的起步较晚，但近些年保持了与世界先进水平的同步发展，出版了一批智能控制专著和论文汇编。

2000 年至今已出版了具有代表性的专著近一百余部，2000 年前出版的专著涉及概念性的较多，而 1997 年出版的吕勇哉所著的《智能控制：原理、技术和应用》（*Intelligent control*：*Principles*，*techniques and applications*）为国际上首部全面系统地介绍智能控制各种系统的工作原理、基本技术及其应用的英文专著。

而 2000 年后出版的智能控制专著和教材则进一步深入实质性原理、技术和应用。这个时期出版的智能控制专著及论文汇编，如《智能控制与自主控制概论》《智能控制系统：理论与应用》《使用软计算方法的智能控制系统》，都是我国智能控制研究者的学术论文汇编，对于推动我国智能控制实质性发展发挥了重要的参考作用。

中国学者在国内发表的与智能控制相关的论文数以万计，仅从维普资讯中文期刊服务平台查询到的“智能控制”相关论文，据不完全统计 2000 年以来可达 28780 篇。

下面给出一部分值得一提的具有代表性的智能控制论文或者大会报告：涂序彦等编著出版的《生物控制论》，研究生理调节系统、神经系统控制论、人体经络控制系统；张钟俊等人在《信息与控制》上发表《智能控制与智能控制系统》的综述论文得到广泛引用；宋健在国际自动控制联合会（IFAC）第 14 届世界大会开幕式上作了《智能控制：超越世纪的目标》（Intelligent control：Agoal exceeding the century）的报告，对智能控制的最高目标、研究途径和注重创新等给予富有远见的指导等。

（四）科研成果显著

在过去的 40 年，特别是近 20 年来，中国广大智能控制科技工作者对智能控制进行了多方面研究，取得了不俗的科技研究成果，并获得了国家自然科学奖、技术发明奖和科技进步奖及吴文俊人工智能科学技术奖。中国科学院自动化研究所、香港城市大学、东南大学、哈尔滨工业大学等 12 家单位分别获得国家科技进步二等奖；北京邮电大学、北京科技大学、中南大学等 8 家单位分别获得吴文俊成就奖。

（五）研究成果在一些重大项目中得到应用

虽然中国智能控制的理论基础研究开展还不够广泛深入，但其应用研究比较普遍，应用领域也比较广泛，以下简要介绍智能控制在一些行业的应用状况。

1. 在过程控制和智能制造中的应用

从 20 世纪 80 年代开始，智能控制在石油化工、航空航天、冶金、轻工等过程控制中获得迅猛发展。除了之前讨论过的航空航天领域外，在石油化工领域将神经网络和优化软件与专家系统结合，应用于炼油厂的非线性工艺过程控制，可以有效提高生产效率，节约生产成本。在冶金领域，采用模糊控制的高炉温度控制系统可有效提高炉内温度控制准确度，进而提高钢铁冶炼质量。

2. 在机器人控制中的应用

目前，智能控制技术已经应用到机器人技术的许多方面，例如，基于多传感器信息融合和图像处理的移动机器人导航控制与装配、机器人自主避障和路径规划、机器人非线性动力学控制、空间机器人的姿态控制等。智能服务机器人、智能医疗机器人、无人驾驶车辆、物流机器人和其他专用智能机器人都已获得快速发展和广泛应用。其中，人机合作控制、非结构环境中导航与控制、分布式多机器人系统控制、类脑机器人控制与决策以及基于云计算和大数据的网络机器人决策与控制等技术正在得到大力开发与应用。用智能控制技术武装机器人将极大提高机器人的智能化程度，将推动机器人行业的发展。

3. 在智能电网控制中的应用

智能控制对电力系统的安全运行与节能运行方面具有重要的意义。在电网运行的过程中，将智能控制技术应用于电网故障检测、测量、补偿、控制和决策系统中，能够实现电网的智能化，提高电网运行效率。采用模糊逻辑控制技术能够及时发现电网中的安全隐患，提高智能电网应急能力，增强电网的可靠性和抗干扰能力，保证智能电网系统的稳定运行。将专家控制系统应用于电网规划，可以充分利用电力专家的经验和知识，不断优化电网的规划质量，提高电网优化效率。

4. 在现代农业控制中的应用

先进设备在农业中的应用不断增加，农业生产过程的智能化程度也越来越高。将智能控制技术应用于农事操作过程中，能够调节植物生长所需的温度、肥力、光照强度、CO_2浓度等环境因素，实现对植物生长因素的精准控制，实现规模化的发展和农业最大利益。同时建立农业数据库，使生产者能够大面积、低成本、快速准确地获取农业信息，根据市场确定农产品数量，实现农业数据处理的标准化与智能化。

5. 智能交通控制与智能驾驶

智能交通是一种新型的交通系统或装置，是人工智能技术与现代交通系统融合的产物。智能交通系统需要具备对驾驶环境和交通状况的全面实时感知和理解的能力，其中具备自主规划与控制，以及人机协同操作功能的智能车辆是实现未来智能交通系统的关键。对自主驾驶车辆或者辅助驾驶车辆来说，需要利用环境感知信息进行规划决策，并对车辆进行控制。对路径的自动跟踪性能优良的控制器成为智能车辆的关键。

例如，国防科技大学、中南大学、吉林大学联合开发的自主车辆完成了中国首次长距离（长沙至武汉）高速公路自主驾驶实验，实现了在密集车流中长距离安全驾驶，标志着国产无人车在复杂环境识别、智能行为决策和控制等方面实现了新的突破，达到世界先进水平。军事交通学院研制的 JJUV－3 实验车完成天津至北京城际高速公路的自主驾驶实验，具备跟车行驶和自主超车能力。百度无人驾驶车在国内首次实现了城市、环路及高速道路混合路况下的全自动驾驶。

此外，智能控制在智能安防、智能军事、智能指挥、智能家电、智慧城市、智能教育、智能管理、社会智能、智能军事和智能经济等领域也已获得日益广泛的应用。

（六）中国智能控制教育与人才培养

智能控制教育和人才培养是智能控制学科发展、科学研究与产业开发应用的重要基础，中国部分高校开设了智能控制课程。经过多年的推广、提升与发展，现在中国大部分重点高校的智能科学与技术、自动化/自动控制、机械电子工程等专业都开设了智能控制类的本科生和研究生课程，已拥有国家级精品课程和国家级精品资源共享课程等。

中国已出版的主要智能控制教材已有20余种。其中，蔡自兴所著的《智能控制》是由电子工业出版社正式出版的全国统编教材，也是中国首部智能控制系统教材。李士勇等人编著的《模糊控制和智能控制理论与应用》则是中国首部智能控制研究生教材。这些智能控制课程和智能控制教材对于中国智能控制学科建设、科技知识传播和人才培养起到不可或缺的重要作用。

北京大学、中南大学、郑州大学等高校率先开设的智能控制课程获得国家教育部门的奖励，在不断改进、完善中不断发展壮大，并对全国智能控制教学发挥了重要的示范与辐射作用。

“全国智能科学与技术教育暨教学学术会议”自2003年以来已举办12次，是中国人工智能教育与教学领域具有特色和权威的学术盛会，对于人工智能及相关学科的教育教学、学科建设和人才培养发挥了关键作用。据估计，近30年来，全国高校已培养人工智能和智能控制等相关学科的硕士和博士数以千计，本科毕业生数以万计。这些高层次的智能科技人才是中国发展人工智能和智能控制的最为宝贵的财富，必将成为中国智能科技跨越式发展的中坚力量。

（七）中国智能控制研发中需要改进的问题

1. 研究以跟踪为主，创新不够

在智能控制的发展过程中，中国智能控制科技工作者在模糊控制、递阶控制、专家控制、神经控制、多真体（MAS）控制、网络控制等领域都能够紧跟国际发展潮流，但自主创新成果尚不够多，国际影响力有待提高。国内重复研究较多，创造性研究较少，停留于实验成果的多，能够在工程上应用的少。因此，需要各方面共同努力，尽快转变这一局面。

2. 缺乏更高水平的研究成果

中国智能控制研究虽然已取得一大批成果，但缺乏更高级别的奖项。在国家科学技术奖中，智能控制研究所获奖项均为国家级二等奖，还没有实现国家级一等奖零的突破。在这些二等奖奖项中，又是以科技进步奖为主，自然科学奖和技术发明奖成果甚少。可见，中国智能控制研究的整体水平有待提高，不仅要向更高的国家科技水平前进，而且要努力攀登智能控制研究的国际高峰。

3. 服务国民经济重大战略不够

中国智能控制研究与应用的整体水平不够高的原因，除了研究力度不够和缺乏创新驱动外，还与服务国民经济重大战略不够有关。需要将智能控制的研究、开发和应用与国民经济的重大战略对接，在服务国家重大需求中寻找发展机遇。在我国人工智能出现蓬勃发展的大好形势，国家制定了一系列重大发展战略，特别是“中国制造 2025”和“新一代人工智能发展规划”。智能控制应该也应在这些国家战略框架内占有一席之地，谋求与人工智能取得同步发展。

4. 产业化规模和核心技术有待扩大

中国智能控制产业已建立了初步基础，但如同人工智能产业一样，中国的智能控制产业的规模还不够大，关键核心科技的创新能力还不够强，自主知识产权也不够多。

5. 急需培养各层次智能控制人才

中国智能控制已有一批领军人才，但不够多，特别是中青年科技骨干有待迅速锻炼成长，需要从国家发展战略角度有计划地培养智能控制各个专业和行业的高素质人才，这个问题也是世界科技发展带来的压力和国内科技发展趋势的迫切要求。

（八）对于中国智能控制发展的建议

根据中国智能控制的发展历史与现状以及发展机遇和存在的问题，现就发展中国智能控制问题提出如下建议，供研究和决策参考。

1. 打牢智能控制科技基础

需进一步打牢中国智能控制的科技基础。一方面加强智能控制理论基础和方法研究，实现智能控制理论研究的突破，为智能控制应用建立可靠基础；另一方面，建立一批国家级智能控制技术与产业研发基地，为智能控制产业化提供技术保障。

2. 加大国家政策支持力度

在现有国家发展战略的基础上，为智能控制提供相应的政策支持。例如，在“新一代人工智能发展规划”中，专题提供发展我国智能控制的规划；在“中国制造 2025”中考虑智能控制对智能制造的作用和发展策略；在“机器人产业发展规划”中重点部署智能机器人的控制发展规划。把握当前大好机遇，出台鼓励政策，加大政府经费支持力度，吸引社会金融资本投入。

3. 抓住发展机遇实现产业化

在上述国家发展战略的大力支持下，智能控制产业应主动发力，与智能制造、智能机器人等产业密切融合，在服务国民经济发展过程中壮大自身，大力推进智能控制的产业化。智能制造、智能机器人、智能交通、电动汽车、智能家居、智能电网、智能建筑、智能电网、智慧农业等行业都可进一步开发与应用各种相应的智能控制系统。

4. 培养智能控制各级人才

智能控制教育是智能控制科技和产业发展以及高素质人才培养的保证。中国现有的自动化、智能科学与技术等专业和控制学科与工程等学科已培养了一批智能控制科技人才，但远未能满足科技和产业发展的需要。因此需要在人工智能、智能科学与技术、控制科学与工程等一级学科下，设立智能控制二级学科，培养足够数量的高素质人才。此外，要在职业技术学院和技工学校对口培养智能控制中层科技人才和技术工人，保证智能控制产业发展的需求。

5. 加强国际科技学术交流

“智能控制与自动化世界大会”已成为国内外智能控制科技与学术交流的重要平台，每届大会都吸引大批相关学者和师生参加。中国每年也有众多的智能控制工作者走出国门参加与智能控制相关的国际学术会议。不过，中国智能控制的国际交流总体上有待加强，特别是有必要加强与国外的智能控制科技合作，基本理论与方法研究的合作，重要智能控制应用系统的开发合作。同时，充分利用国内开放环境，邀请国外高层智能控制专家来华进行合作研究，促进中国智能控制整体水平的进一步提升。

6. 加强智能控制科学普及

在已有成绩的基础上，进一步加强智能控制科普工作，包括建立各级智能控制科普基地，鼓励智能控制科普创作，举行大中学生智能控制系统的科普竞赛，培养广大青少年对智能控制科技的兴趣，为中国智能控制的发展培养大批后备军。

总之，智能控制已成为自动控制一个新的里程碑，发展成为一种日趋成熟和日益完善的控制手段，并获得广泛应用。作为人工智能的一个重要研究与应用领域，智能控制同人工智能一道已进入一个前所未有的大好发展新时期，迎头赶超智能控制国际先进水平，为建设中国成为制造强国和智能强国做出历史性贡献。

（九）中国智能控制发展的趋势

智能控制是自动控制理论发展的必然趋势。智能控制理论是人类在征服自然，改造自然的过程中形成和发展的控制理论，从形成到发展，至今已经经历多年的历程。

解决智能控制的问题，用严格的数学方法研究发展新的工具，对复杂的环境和对象进行建模和识别，以实现最优控制，或用人工智能的启发式思想建立对无法精确定义的环境和任务的控制设计方法。更重要的是把这两种途径紧密地结合起来，协调地进行研究。也就是说，对于复杂的环境和复杂的任务，将人工智能技术中较少依赖模型的问题的求解方法与常规的控制方法相结合，这正是智能控制所要解决的问题。经过对智能控制的深入研究与实践可见，智能控制是人工智能、运筹学和控制系统理论三者结合的产物。

进化控制系统、遗传算法优化控制、人工神经网络控制、人工免疫控制系统等方面的智能控制方法来源于生物科学，是比较前沿的，也是需要进一步研究的未来智能控制方法。它们可以相互独立发挥功能，也可以组合起来或与经典控制方法组合，形成复合式智能控制方法，使智能控制的应用深入社会生产和生活的各个领域。在未来的创新型社会中，智能控制将借助各种手段（传统的、经典的及现代的）在服务于与人们息息相关的各个领域中发挥更加强大的作用。

近年来，智能控制技术在国内外已有了较大发展，已进入工程化、实用化的阶段。但作为一门新兴的理论技术，它还处在一个发展时期。然而，随着人工智能技术和计算机技术的迅速发展，智能控制必将迎来它发展的崭新时期。

第二章 中小学校教室智能照明系统的设计和实践

第一节 光源、灯具和安装现场的技术指标要求

中小学校教室及附设室内的照明应达到的基本要求见表 2-1 和表 2-2。在进行中小学校教室照明设计时，应满足所有技术指标要求。在进行智能控制方法设计时，其所设置的前提应以以下要求为设置条件进行智能控制。

表 2-1 教室照明光源或灯具的技术要求表

<table>
<tr><th>教室用途</th><th>光源类型</th><th>相关色温</th><th>显色指数</th><th>色容差</th><th>频闪深度</th><th>蓝光危害等级</th></tr>
<tr><td>符号</td><td>—</td><td>CCT</td><td>CRI（Ra）</td><td>Ct</td><td>Df</td><td>Br - B</td></tr>
<tr><td>单位</td><td>—</td><td>K</td><td>%</td><td>SDCM</td><td>%</td><td>RG</td></tr>
<tr><td>普通教室、语言教室、科学教室、音乐教室、史地教室、书法教室、图书室、学生活动室、展览室、体育测试室、其他用途教室</td><td rowspan="4">可见光全光谱光源</td><td rowspan="6">3500 ~ 5700</td><td>≥90
$R_9 > 0$</td><td>≤5</td><td>≤0.5</td><td>RG0</td></tr>
<tr><td>实验室</td><td>≥90</td><td>≤5</td><td>≤0.5</td><td>RG0</td></tr>
<tr><td>计算机教室、电子阅览室</td><td>≥90
$R_9 > 0$</td><td>≤5</td><td>≤0.5</td><td>RG0</td></tr>
<tr><td>美术教室</td><td>≥90
$R_{9\sim15} \geq 85$</td><td>≤5</td><td>≤0.5</td><td>RG0</td></tr>
<tr><td>舞蹈教室</td><td>普通显色性光源</td><td>≥85
$R_9 > 0$</td><td>≤5</td><td>≤0.5</td><td>RG0</td></tr>
<tr><td>教室黑板</td><td>可见光全光谱光源</td><td>≥90
$R_9 > 0$</td><td>≤5</td><td>≤0.5</td><td>RG0
局部 RG1</td></tr>
</table>

表 2-2　教室照明安装现场的技术要求表

教室用途	参考平面高度	平均照度	照度均匀度	邻近周围照度	照明功率密度	统一眩光指数
符号	H	E_0	U_0	E_V	LPD	UGR
单位	m	lx	%	lx	W/m^2	—
普通教室、语言教室、科学教室、音乐教室、史地教室、书法教室、图书室、学生活动室、展览室、体育测试室、其他用途教室	0.75m 水平面（课桌面）	≥300	≥70	≥250	≤10	≤16
实验室		≥300	≥70	≥250	≤10	≤16
计算机教室、电子阅览室		≥500	≥80	≥400	≤16	≤16
美术教室		≥500	≥80	≥400	≤16	≤16
舞蹈教室	地面	≥300	≥70	≥250	≤10	≤16
教室黑板	黑板面	≥500	≥80	≥420	≤16	≤19

一、光源或灯具的技术指标要求

中小学校各种用途教室及附设室内，其照明光源或灯具中的技术指标有光源类型、相关色温、显色指数、色容差、频闪深度和蓝光危害等级等，应符合表 2-1中的要求。

二、安装现场的技术指标要求

中小学校各种用途教室照明安装现场技术指标有平均照度、照度均匀度、邻近周围照度、照明功率密度、统一眩光指数等，应符合表 2-2 中的要求。

第二节　教室照明的智能控制要求

一、照明及控制原则

1）教室及学校所属室内照明，白天室内照度以自然光照度为主，辅之以照明灯具补充照明；

2）对于设置有晚自习的教室及晚上以全部采用照明灯具进行照明；

3）深夜属于非正常照明时段，以区域控制和人体感应控制照明的方式进行照度智能控制。

4）教室的智慧照明控制，总体以分时段照度设置、实时照度采样、对比计算和差值控制的方式进行。

二、教室及附设室内照明智能控制部分要求

1. 智能控制部分接口要求

1）电源输入接口：教室的智能控制部分应具有运行所需的直流电源接口，并注明所需电源参数（供电电压及差值范围、供电电流及差值范围、供电功率最小值、供电精度范围、功率因数最小值、谐波限定值、电磁兼容限定值等）。

2）信号输入/输出接口：教室的智能控制部分应具备无线信号（如 4G、5G 信号）接口和有线信号（如光纤接口、电缆）接口，或具备电力载波信号的输入/输出的接口功能。

3）智能控制部分的电源或控制信号接口的接插件应具备防水功能和信号屏蔽功能，接插件的频率特性应高于设备工作的最高频率和宽于设备工作的频谱范围。

2. 智能控制部分功能要求

1）智能控制部分应具有时间（包括：年 - 月 - 日 - 小时 - 分）自动跟踪校准功能，如图 2-1 所示。

2）智能控制部分应具备可根据学校作息时间安排，授权人对时段分割设置和调整功能。以区别正常照明时段、正常非照明时段和降低照度照明时段，以自动控制教室的正常照明、降低照度照明与熄灭，且时段的时间设置可由授权人进行设置或修改，如图 2-1 所示。

举例说明：

设置“正常照明时段”为：

第 1 时段为上午上课时段：06:30—12:00；

第 3 时段为下午上课时段：13:30—16:00；

第 5 时段为晚自习时段：18:30—21:30；

设置照明照度值为 $E_1 = 100\% E_0$。

设置“正常非照明时段”为：

第 6 时段为晚间至第二天课前时段：21:30—第二天 06:30；

设置照明照度值为 $E_4 = 0\% E_0$。

设置“降低照度照明时段”为：

第 4 时段为课外活动和晚餐时段：16:00—18:30；

设置照明照度值为 $E_2 = 75\% E_0$；

第2时段为午餐和午休时段：12:00—13:30；

设置照明照度值为 $E_3 = 50\% E_0$。

3）教室智能照明灯具的启动和熄灭可采取软启动和软熄灭的方式，以有利于减小对主电源和供电负荷冲击，有利于减小对学生眼睛的刺激。软启动和软熄灭可以采用阶梯步进式启动或熄灭，如图2-3a所示；也可以采取无级模拟式启动或熄灭，如图2-3b所示。

举例说明：

阶梯式步进启动或熄灭，例如在3～5s时间内，逐步按照0－25%－50%－75%－100%亮度值（或照度值）启动，逐步按照100%→75%→50%→25%→0亮度值（或照度值）熄灭；

无极式启动或熄灭一般控制在3～5s时间内，逐步按照无极式的亮度值（或照度值）递增启动或递减熄灭。

4）为了节约能源，实施按需照明的智慧性能，在正常照明时段应并行采用人体感应传感器控制正常照明时段和降低照度照明时段的照明亮度（或照度），如图2-1所示。

举例说明：

在正常照明时段和降低照度照明时段，

当有人体感应信号时，控制在设置的照明照度值；

当没有人体感应信号时，控制在设置照明照度值的50%。

在分区域灯具控制的教室，局部区域有人体感应信号时，该区域照度值控制在设置照度值的100%，而其他区域的照明灯具不工作。

5）为了解决正常非照明时段，即常规情况下晚间不需要开启教室照明灯具的时段，可开启人体感应传感器控制部分，其逻辑控制关系如图2-1所示。

在教室内没有人体感应信号时，保持照明灯具不工作；在局部区域有人体感应信号时，控制全教室照明照度值达到标称值的 $75\% E_0$；或教室分区域灯具控制，启动该局部照明照度值达到标称值的 E_0。

举例说明：

在21:30以后，如果人体感应传感器检测到人体感应信号，或使教室的照明灯具全部控制在照明照度值的 $75\% E_0$；或人体感应区域的照明灯具控制在照明照度值的 $100\% E_0$，而其他区域的照明灯具不工作。

6）教室智能照明灯具应具有运行数据检测、记录和传输功能，如图2-1和图2-2所示。

举例说明：

① 应设置教室智能照明的正常运行技术参数的正常范围值。

如：电源控制器交流电压输入值 $U_{AC} \pm \Delta U_{AC}$，

电源控制器直流电压输出值 $U_{DC} \pm \Delta U_{DC}$，

电源控制器直流电流输出值 $I_{DC} \pm \Delta I_{DC}$，

电源控制器交流电功率输出值 $P_{AC} \pm \Delta P_{AC}$，

电源控制器交流电功输出值 $E_{AC} \pm \Delta E_{AC}$和其他需要检测的运行技术参数值。

② 应具有已设置的运行技术参数检测模组或传感器和信息转换电路，转换成网关所约定的数据形式，并可通过信息传输系统向中央控制室控制平台的智能照明分系统传送。

③ 应具有对运行技术参数的实时检测功能，检测技术数据内容应包括以下内容：

如：电源交流电压实时检测值 U_{ACn}，

电源直流电压实时检测值 U_{DCn}，

电源直流电流实时检测值 I_{DCn}，

电源交流电功率实时检测值 P_{ACn}，

电源交流电功实时检测值 E_{ACn}和其他需要实时检测的运行技术参数值。

且应设置实时检测数据的检测频率，例如，每5min或10min检测一次。

④ 应具有实时检测的数据与所设置的正常运行技术参数的正常值范围值的比较功能。并且将比较结果判定为以下三种状况：

“正常运行状况”——即实时检测值均在正常值范围内，该数据传输至中央控制室控制平台，进行记录。

“异常运行状况”——即实时检测值在一定时间范围内间断出现超出正常值范围的现象，智能控制电路应及时进行调整，使之恢复正常。该数据传输至中央控制室控制平台，进行记录，控制平台应发出“黄色预警信号”，或由控制平台予以调整。

“故障运行状况”——即实时检测值在一定时间范围内不间断地出现超出正常值范围的现象，智能控制电路应及时进行调整，使之恢复正常。该数据传输至中央控制室控制平台，进行记录，控制平台应发出“红色报警信号”，或由控制平台检测出故障点和故障原因，予以自动或人工修正、调整或控制。

三、教室及附设室内照明智能控制逻辑关系图

1）单元教室智能照明控制逻辑框图如图2-1所示。

2）教室智能照明系统控制逻辑框图如图2-2所示。

3）校园智能照明软启动/软熄灭示意图如图2-3所示。

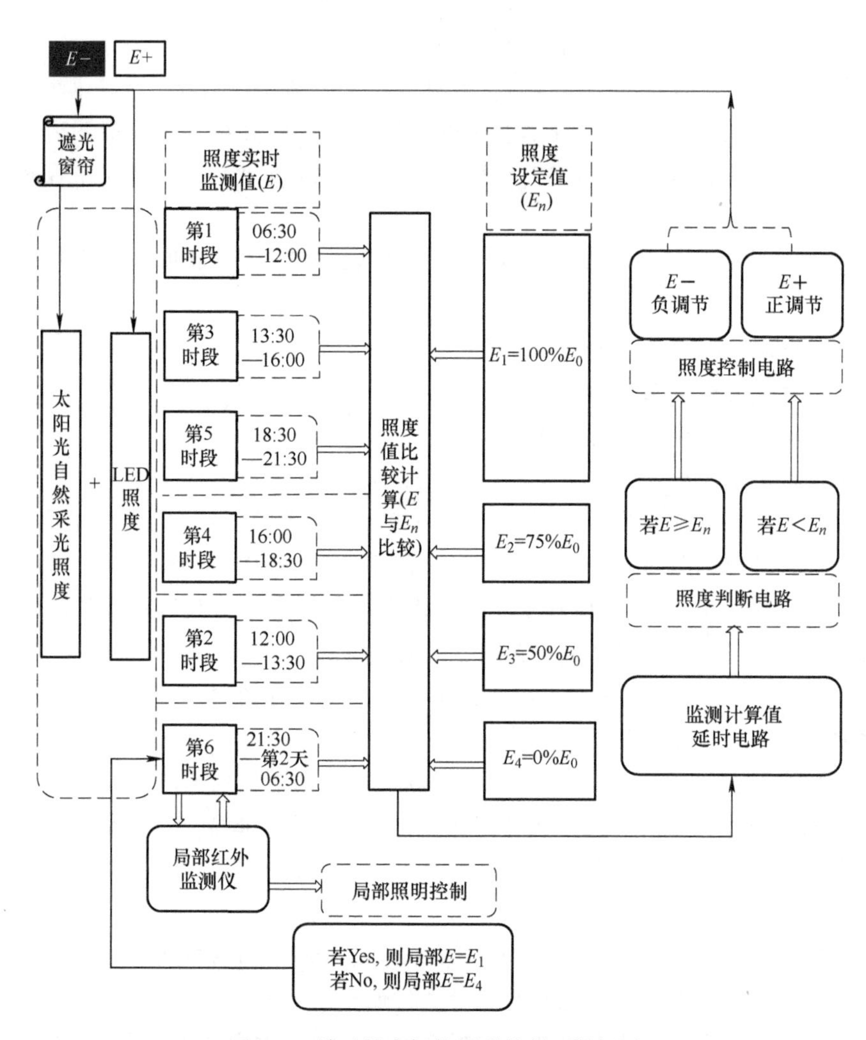

图 2-1　单元教室智能照明控制逻辑框图

注：以下时间可根据地域不同和季节变化进行设置和人为调整。举例如下：

第 1 时段——上午上课时段　（如 06:30—12:00）

第 2 时段——午餐和午休时段　（如 12:00—13:30）

第 3 时段——下午上课时段　（如 13:30—16:00）

第 4 时段——课外活动和晚餐时段　（如 16:00—18:30）

第 5 时段——晚自习学习时段　（如 18:30—21:30）

第 6 时段——晚间至第二天课前时段　（如 21:30—第二天 06:30）

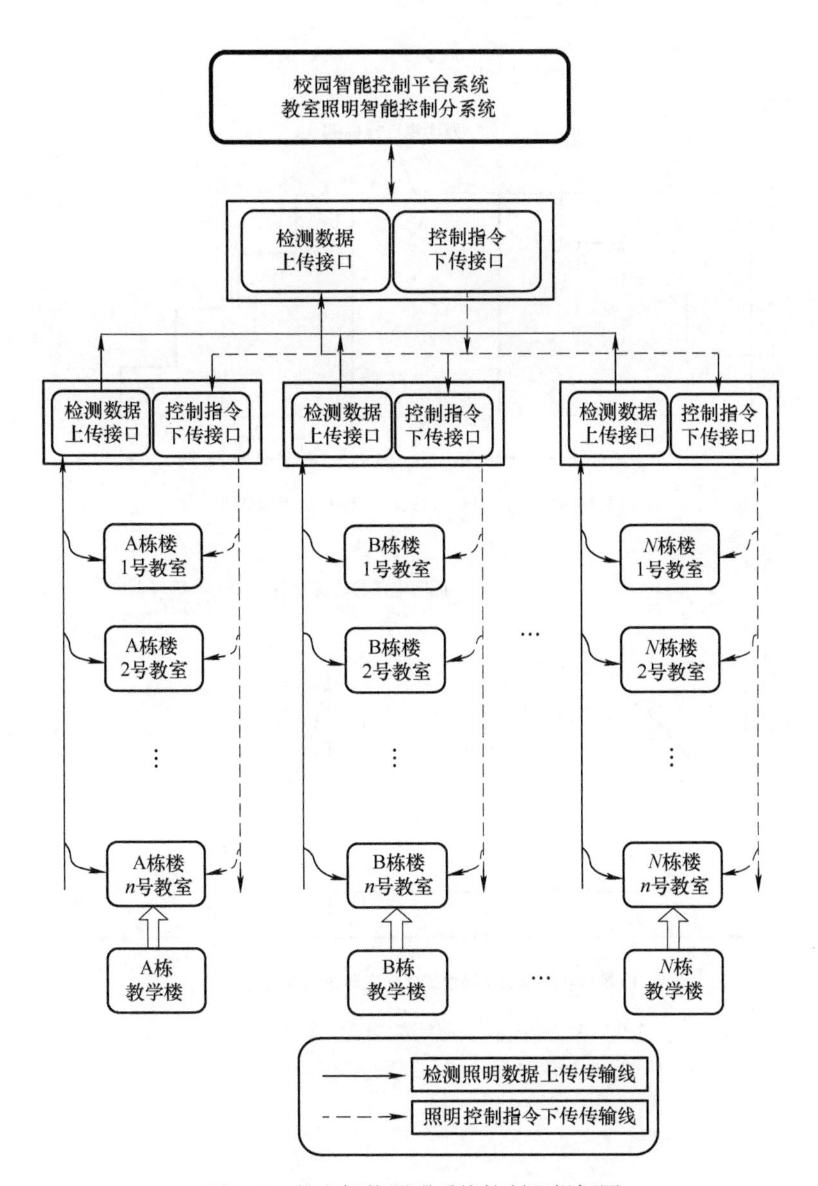

图 2-2 教室智能照明系统控制逻辑框图

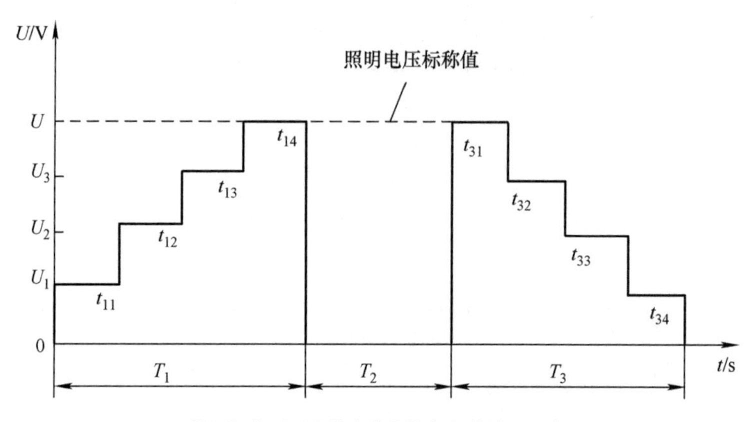

a) 校园智能照明阶梯步进式软启动/软熄灭示意图

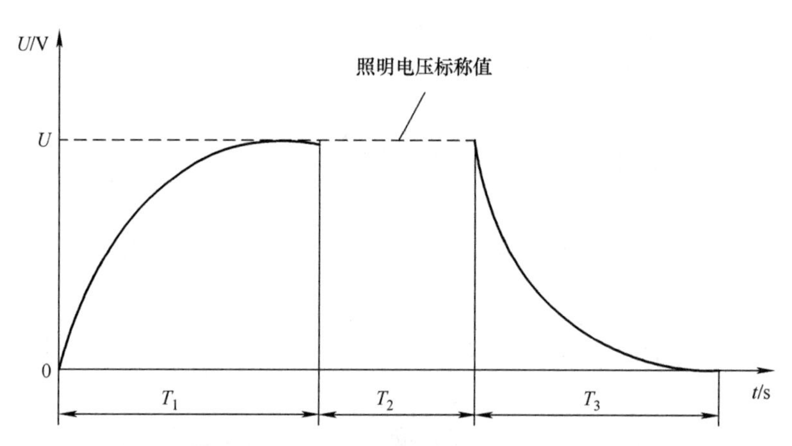

b) 校园智能照明无级模拟式软启动/软熄灭示意图

图 2-3　校园智能照明软启动/软熄灭示意图

注：图中 T_1 为软启动时间，T_3 为软熄灭时间，T_2 为正常照明时间。

第三章 医疗机构智能照明系统的设计和实践

一、通则

1）随着物联网、各类传感器的应用等技术进步和低碳生活、健康照明等理念的推行和发展，人们的工作和生活环境也在逐渐走向智能化。智能照明就是智能化生活场景中一个典型的代表。智能照明是医疗机构智能管理系统中非常重要的组成部分。

2）照明智能控制不仅促使控制自动化和智能化，还可以最大限度地节约能源，减少照明系统的维护工作量，延长灯具的使用寿命，从而降低照明系统的综合成本。

3）医疗机构照明的智能控制系统应以满足照明的功能和达到照明的技术指标要求为目的，以绿色、环保、健康照明为宗旨。按照“有灯必控、按需控制、高效节能、管理方便”的原则，选取相应的控制方式和控制内容进行智能控制。

4）医疗机构照明智能控制系统的智能控制原则，应为按时序的照度控制照明，由于医疗机构各个系统、各个时序对照明的需求不同，可将一天中的不同时间按照需要的不同照度而分为多个不同的时段和时序。各个时序的自然采光对目标区产生的照度值也在不断变化，所以，按照正常的治疗和休息时间，需要将各个时序目标区域照度和色度的需求值设定为目标值，对各个时序自然采光对目标区域的实际照度值进行实时检测，用两者的差值控制照明灯具补充照明。

当两者的差值为正值时，启动照明灯具，并使室内达到设定的照度值，使之与自然采光产生的照度叠加值达到目标值；当两者的差值为负值时，表示需要降低自然采光对目标区域产生的照度值，这时需要启动窗帘进行部分遮光，并达到一定的遮光度，使自然采光产生的照度达到目标值。

为了节约能源，实现绿色、环保、健康照明，凡是非封闭空间，在白天时段应以自然采光为主，照明灯具作为补充照明光源，进行自动切换的智能控制。

5）对于封闭的室内空间照明系统，以及非封闭空间的夜晚时段，在没有自然采光的环境下和需要照明的时间内，全部采用照明灯具作为照明光源。

6）对于室内公共活动场所夜晚时段的照明，应分时序进行照明控制。在深夜时序可采用低照度照明，同时应设置启动人体红外线监测装置，当监测到人体感应信息时，提高相应区域的照度值，并经一定的延时照明后，自动恢复低照度照明的智能控制。

7）对于室外道路照明、室外公共活动场所照明，在白天时段应以自然采光为主，照明灯具作为补充光源；夜晚时段全部采用照明灯具照明，并分时序进行照度控制；在深夜的低照度时序，应启动运动物体监测装置，当监测到运动物体信息时，应提高相应区域的照度值，并经一定时间的延时照明后自动恢复低照度照明的智能控制。

8）对于没有设置专人管理的公共场所的照明灯具，应采用时间控制、背景光照度控制或人体感应控制等自动控制设置进行智能控制。

9）在单人工作的诊室、办公室和类似区域，或偶尔有人工作的诸如仓库、物品储存间的照明灯具控制，可采用固定开关控制、遥控器（便携式显示装置）控制或人体感应控制等控制设置进行智能控制。

10）具有感情色彩照明需求的场合，应按照需求设置一种或多种场景照明模式的照明灯具设备，可通过遥控器（便携式显示装置）控制或程序自动控制等方式进行智能控制。

11）当需要控制的照明灯具数量较多时，可分为部门分系统控制、区域分系统控制、楼层分系统控制或专项分系统控制等分组照明控制的分系统。

12）各种控制形式照明灯具的运行状况及运行技术参数，应进行采集、经模数转换、有线（无线）或电力线通信（PLC）等信息传输系统，将信息传输至智能照明控制平台或照明信息控制中心。

13）智能照明控制平台或照明信息控制中心应具有对上传数据的收集、数模转换、信息的储存，并经统计分析，判断为或“正常”“异常”或“故障”状态的功能；对于“异常”或“故障”状态的运行数据，应具有声光报警功能，并具有自动调整功能或人工调整功能。

14）智能照明控制平台或照明信息控制中心必须具备由人工强制介入调整和控制的特别指令（人工调整、人工紧急开关）功能。

15）智能照明控制平台或照明信息控制中心应具备照明灯具系统运行状态和统计数据的显示功能。

16）智能照明控制平台或照明信息控制中心应具备周报表、月报表、季报表、半年报表和年报表等所需要统计图表的生成功能；应具备报告期环比报告图表、同比报告图表的对比数据统计图表的生成功能。

17）医疗机构的照明智能控制系统应具备和满足设计说明书、设计图样、规格承认书或供需双方正式签署的其他技术文件中有关照明智能控制系统的要求。

二、医疗机构智能照明的控制方式

医疗机构常用的照明控制方式和照明自动控制方式可包括以下种类，采用单一的控制方式，或采用两种及两种以上的控制方式的组合应用。

（一）常用的照明控制方式

（1）开关控制、组合式开关控制照明　采用开关控制、组合式开关控制照明的开启和关闭方式。

（2）采用遥控器或便携式显示装置控制照明　采用遥控器或便携式显示装置（如手机或笔记本计算机等），控制照明的开启、关闭和照明灯具亮度的调节方式。

（3）采用背景光亮度控制照明　采用背景光亮度控制照明也叫作光控开关，可按照自然光的强弱自动控制照明灯具的开启、关闭和灯具的亮度调节。

（4）采用声音控制照明　采用声音控制照明也叫作声控开关，是利用人为发出的声音（脚步声、击掌声、任意喊声或敲击物体的声音），控制照明灯具的开启、关闭的控制方法。

（5）采用语言控制照明　采用语言控制照明也叫作语控开关，分为标准语言设置和控制语言识别两部分。是利用事先将标准语言矢量化，并进行参数评估，成为语音模板而存入语言模板库。

语音模板语句应由完整的控制语句“前缀 + 控制对象 + 控制内容 + 后缀”组成，例如，“太阳系（前缀） + 前厅灯（控制对象） + 增加亮度（控制内容） + 控制完毕（后缀）”。

当控制语言识别时输入与语音模板相同的完整的控制语句，与语言模板库中矢量化的标准语句对照，而用于控制照明灯具的开启、关闭及亮度的调节等功能的控制方法。

（6）对运动物体监测控制照明　对运动物体监测控制照明是在指定区域能识别图像的变化，检测运动物体的存在，并避免由天气、光照、影子及混乱干扰等变化带来的干扰。

（7）人体红外线感应控制照明　人体红外线感应控制照明是采用人体发射的红外线，由主动式红外线接收装置接收，经红外解码，转换成控制信号控制照明的控制方式。广泛应用在弱光条件下，要求人体感应控制照明灯具的场合，并且在被控照明灯具开启经一定时间的延时照明后能自动关闭的控制场所。这种控制方式在医疗机构照明中得到广泛应用。

（二）医疗机构智能控制方式

1. 单元诊断室、办公室智能控制照明

1）应按照正常的工作时间安排为正常照明时段和正常非照明时段。

2）在正常照明时段，按照照明所需照度不同和可采用自然光的时间长短或采光度强弱又可分为若干时序，并设置每个时序的起始和终止时间；各个时序的起始和终止时间可根据地理位置和季节的变化、作息时间的改变，更改或修订时序的起始和终止时间。

3）按需要设计并设置每个时序的照度额定值（E_n）。

4）在设置时序照度额定值的区间内应设置照度检测装置，并定时采样实时照度值（E）。

5）智能控制系统中应设置照度值比较计算电路定时对采样实时照度值（E）和该时序的照度额定值（E_n）进行差值计算，得到 $\Delta E = E_n - E$ 值，并判断 ΔE 值的正、负，输出 $E+$ 或 $E-$ 的判断结果。

6）$E+$ 或 $E-$ 的判断结果输入至 LED 照明照度控制电路和窗帘的升降电路：当输出信号为 $E+$ 时，表示需要增加照度，此时应提升窗帘，增加自然光采集或提高 LED 照度值，使综合照度达到额定值；当输出信号为 $E-$ 时，表示需要降低照度，此应降低 LED 照度值，或降下窗帘，减少窗户采集自然光，使综合照度恢复到额定值。

7）当此时序的照度额定值为低照度或零照度时，应启动人体红外线感应监测电路，当无红外线感应信号时，应保持低照度或零照度；当有红外线感应信号时，应启动照明灯具，或增加照明灯具照度值，使照度值达到正常照明的额定值或设定值。

8）诸如一般诊断室、办公室等场所在正常非照明时序或深夜时序的无运动物体感应信号状态下，可控制照明灯具处于完全关闭状态。

2. 住院部单元病房智能控制照明

诸如住院部病房等场所在正常非照明时序或深夜时序的无运动物体感应信号状态下，可控制照明灯具处于低照明状态，或启动脚灯照明状态。

3. 诊断室、办公室分系统的分组智能控制照明

分系统的分组智能控制照明可按照部门性质（如门诊部、住院部、医疗技术部、办公室、后勤部门及其他场所）或区域位置（不同区域、不同房栋、不同楼层）等分组控制。

分组照明控制除了通过智能控制系统，按照设计程序控制各个时段、时序的照明灯具的开关、照度值调整，以及相关色温控制、场景模式控制等以外，还应具有：

1）照明灯具各个时序的主要工作技术参数（如电压值、电流值、功率值的允许动态范围）。

2）应设置有实时对照明灯具的实际运行主要工作技术参数（如电压值、电流值、功率值）的一定间隔时间的测试，数据经过模－数转换，再经有线（无

线）传输线路或电力载波（PLC）上传至照明控制平台。

3）照明控制平台应具有接收各个分组上传的主要工作技术参数，并进行数据数－模转换、数据记录，并与设计额定值进行比较，判断其工作正常、工作异常（在监控时间内偶尔出现超标现象）或工作故障（在监控时间内长时间出现超标现象）的功能，照明控制平台应具有一定的调节或修正控制能力，在工作异常和工作故障状态时应具有声光报警功能发出报警信号。

4. 住院部病房分系统和其他部门分系统的分组智能控制照明

1）医疗机构的住院部病房分系统的分组智能控制照明的基本要求和功能与上述的基本要求和功能基本一致，也可仿照以上功能和要求执行。

2）医疗技术部的分组智能控制照明，可仿照以上功能和要求执行。

3）医疗机构的后勤部门或其他部门的分组智能控制照明，也可仿照以上功能和要求执行。

5. 室外道路和公共场所分系统的分组智能控制照明

1）医疗机构的室外道路和公共场所分系统设置分组智能控制照明。

2）医疗机构的室外道路和公共场所的智能控制照明，按照时段、时序智能控制。

3）室外道路照明在正常非照明时段，可控制照明灯具完全关闭。

4）室外公共场所的智能控制照明，在正常非照明时段，可控制照明灯具完全关闭，也可以根据环境要求，控制照明灯具处于低照度状态。

5）室外道路和公共场所的智能控制照明，在正常照明时段低照度时序，可控制照明灯具处于低照度状态，在这种状态下应启动运动物体监测器。在无运动物体信息时，控制照明灯具处于完全关闭或处于低照度状态；当监测到运动物体信息时，应控制照明灯具达到所设置的照度状态，经过一定时间的延时照明后，自动恢复低照度状态。

6. 医疗机构照明智能控制平台总体系统控制

医疗机构照明智能控制平台总体系统为某医疗机构总的照明控制平台，应具有以下功能：

1）照明控制平台应接收各个分组传输的控制信息。

2）照明控制平台对各个分组的照明状态，按照设定的额定值和运行规律，保证医疗机构照明系统的正常运行。

3）照明控制平台应具有将各个分组上传的运行数据信息进行记录、整理、分析，判定其运行状况的功能。

4）照明控制平台应具有将上传的运行数据信息生成控制图表的功能。

（三）抑菌灯、灭菌灯与门禁系统的连锁控制方式

1. 抑菌灯、灭菌灯概念

（1）抑菌　指用物理或化学方法杀死或抑制微生物的生长和繁殖的方法。

（2）灭菌　指用物理或化学的方法杀灭全部微生物，包括致病和非致病微生物以及芽孢，使之达到保障无菌水平。经过灭菌处理后，未被污染的物品称为无菌物品；经过灭菌处理后，未被污染的区域称为无菌区域（摘自《医疗机构感染管理办法（卫生部令第48号）》）。

另定义：灭菌可以看成是一个过程，即用来使产品无存活微生物的过程（摘自《GB/T 19974—2018 医疗保健产品灭菌　灭菌因子的特性及医疗器械灭菌工艺的开发、确认和常规控制的通用要求》）。

（3）抑菌灯　由一定波长光源组成的能够抑制细菌生长或杀灭细菌的灯具。就采用的光源波长分类，抑菌灯可分为紫外线辐射抑菌灯和深蓝光辐射抑菌灯。

（4）蓝光/紫外光灭菌法　是利用辐射深蓝光或紫外线杀灭微生物的一种方法。该方法适用于设施、设备、水或医药品等物品对紫外线有良好耐受性的场所。深蓝光和紫外线都有杀菌作用，在医疗机构的手术室、病房里可利用深蓝光或紫外线制成抑菌灯对细菌和微生物进行杀灭或抑制其生长、繁殖。

2. 紫外线辐射和深蓝光辐射灭菌原理及灭菌条件

（1）波长范围　紫外线是电磁波谱中波长从 10 ~ 400nm 辐射的总称，即可见光紫端到 X 射线间的辐射。紫外线不能引起人们的视觉。紫外光分为 A 射线、B 射线和 C 射线（分别简称 UVA、UVB 和 UVC）三种，波长范围分别为 315 ~ 400nm，280 ~ 315nm，190 ~ 280nm。

（2）灭菌功能　紫外线具有杀灭细菌和病毒的功能，适合灭菌的波长范围为 240 ~ 280nm，而这段波长的紫外线也是对人体有害的光谱。最适合灭菌的波长为 260nm，这与 DNA 吸收光谱范围相一致。其杀菌原理是紫外线易被核蛋白吸收，使 DNA 的同一条螺旋体上相邻的碱基形成胸腺嘧啶二聚体，从而干扰 DNA 的复制，导致细菌死亡或变异。紫外线的穿透能力弱，无法通过普显指光源能够透过的玻璃、尘埃，只能用于消毒物体表面及手术室、无菌操作实验室及烧伤病房等室内空气中的细菌，也可用于不耐热物品表面消毒。不过，要特别注意的是，这些杀菌设备一样会伤害人体，因此在使用的时候要特别小心。

（3）辐射功率要求　紫外线的灭菌效果与辐射能量有关，而辐射能量与光谱波长、辐射光功率、辐射时间及辐射距离等因素有关。故在医疗机构的室内可以采用深蓝光或者紫外线进行灭菌，其要求如下：

1）在实时没有人活动的场所或时间里，可采用波长为 240 ~ 280nm 紫外线灭菌灯，在光功率密度为 0.5 ~ 2W/m^2、每次照射时间为 20min、照射距离为2 ~ 6m 的条件下进行灭菌；

警告：由于紫外光谱是对人体有害的光谱。所以必须严格执行以下规定：

① 灭菌灯采用紫外线辐射灭菌类型时，在紫外线灭菌灯工作的时间内，不允许人员进入灭菌空间。

② 紫外线光源或灯具必须与其他照明灯具分别设置，且紫外线灯具应独立设置开关或强弱调节的控制装置。

③ 用于紫外线辐射灭菌灯的控制装置必须位于紫外线有效辐射空间之外，并推荐同时使用人体感应智能控制开关。

④ 抑菌灯为紫外线辐射灭菌类型灯具时，其光源或灯具的测试必须由有紫外线测试经验的专业人员在具有防护设置的条件下进行。

2）在实时有人活动的场所和时间里，可采用波长为（405±5）nm 的深蓝光抑菌灯，在光功率密度为 0.5～$2W/m^2$、每次照射时间为 5～6h、照射距离为 2～4m 的条件下进行抑菌。即通过长时间的能量积累解决抑菌和灭菌效果。

警告：在深蓝光灭菌灯工作的时间内，进入灭菌空间的人员应穿戴防护用品，进入灭菌空间的人员不允许用眼睛直视深蓝光灭菌灯的光源。

3. 抑菌灯、灭菌灯的控制方式

医疗机构的抑菌灯、灭菌灯的控制方式应按照灭菌灯与门禁系统连锁控制逻辑图进行控制。

（四）不间断电源的控制方式

1. 不间断电源（Uninterruptible Power Supply，UPS）

UPS 是一种由主供电源、辅助电源（有特殊要求时必须设置）和含有储能装置的蓄电池电源，自备发电机组的不间断供给负载的电源系统。当主供电电源中断供电后，基本上无间隙地由辅助电源（备用电源）供电。主要用于部分对电源稳定性要求较高的设备和场所。

2. 简要说明

不间断电源是将备用电源（一般包括辅助交流电源和蓄电池、自备发电机组）与主供电电源（一般为交流市电）经控制装置后，得到相同性质（如直流电源）和相同等级（如直流电压相等）的电源通过隔离器件连接，在主供电电源工作正常时，由主供电电源供给负载（如照明灯具）电能的同时，也给备用电源的蓄电池充电（浮充）。

当主供电电源中断供电时，切断与负载和蓄电池的连接，而由备用辅助电源给负载供电。

当主供电电源和辅助电源均中断供电时，切断与负载和蓄电池的连接，而由备用电源的蓄电池给负载供电，如果负载侧需要交流电源，则备用电源蓄电池还应经过逆变器将直流电源逆变为交流电源，供给负载使用。

由于备用电源蓄电池电功有限，一般备用容量不超过供给负载用电 30min，故在半小时内必须起动自备发电机组，由发电机组给负载供电，同时切断蓄电池供电回路。

当主供电电源恢复供电后，控制电路也将恢复主供电电源供给负载和备用电源蓄电池充电回路。

在要求严格的负载系统中，如血库、冷链药库、重要手术室等场合，一般需要外接两路不同变压器供电线路的交流电源。

三、医疗机构照明系统通用的控制方法和控制内容

1. 开关控制照明（Switch Controlled Lighting，CSW）

开关控制照明是直接采用电源开关控制照明灯具的开启和关闭的控制方法，有单开关控制和组合式开关控制。开关可以为单刀双掷开关直接控制，也可以采用多个开关、多刀双掷控制多路照明灯具的组合控制方法。

（1）单开关控制　用一个开关控制单个或多个照明灯具的控制方式，如图 3-1和图 3-2 所示。

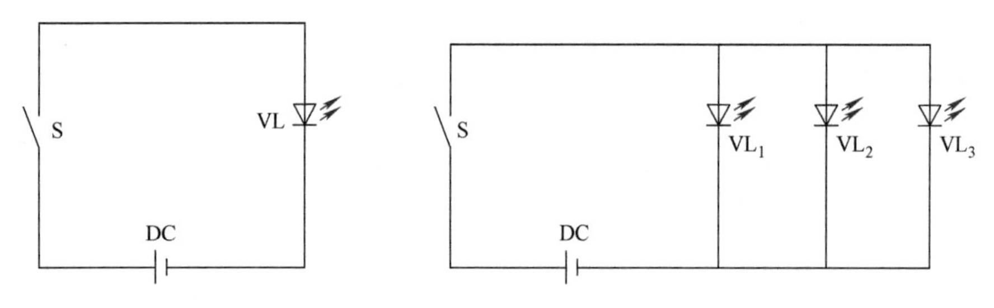

图 3-1　一个开关控制单个照明灯具　　图 3-2　一个开关控制多个照明灯具

（2）组合式开关控制　采用多个开关或多刀双掷开关控制多照明灯具的组合控制方式。图 3-3 所示为采用组合开关控制高层楼房楼梯间照明灯具的接线图示例。

2. 遥控器控制照明（Remote Control Lighting，CRE）

采用遥控器（或便携式显示装置）控制照明灯具的开启、熄灭和亮度的控制方法。

红外线遥控器由红外发射及接收电路、键盘及状态指示电路、信号调制电路、无线传输、数据存储器、程序及中央控制器等部分组成，如图 3-4 所示。

遥控器（或便携式显示装置）有两种状态，即学习状态和控制状态。

当遥控器（或便携式显示装置）处于学习状态时，即为功能的预设置状态。使用者每按一个控制键，红外线接收电路就开始接收外来红外信号，同时将其转换成电信号，然后经过检波、整形、放大，再由 CPU 定时对其采样，将每个采样点的二进制数据以 8 位为一个单位，分别存放在指定的存储单元中，供以后对

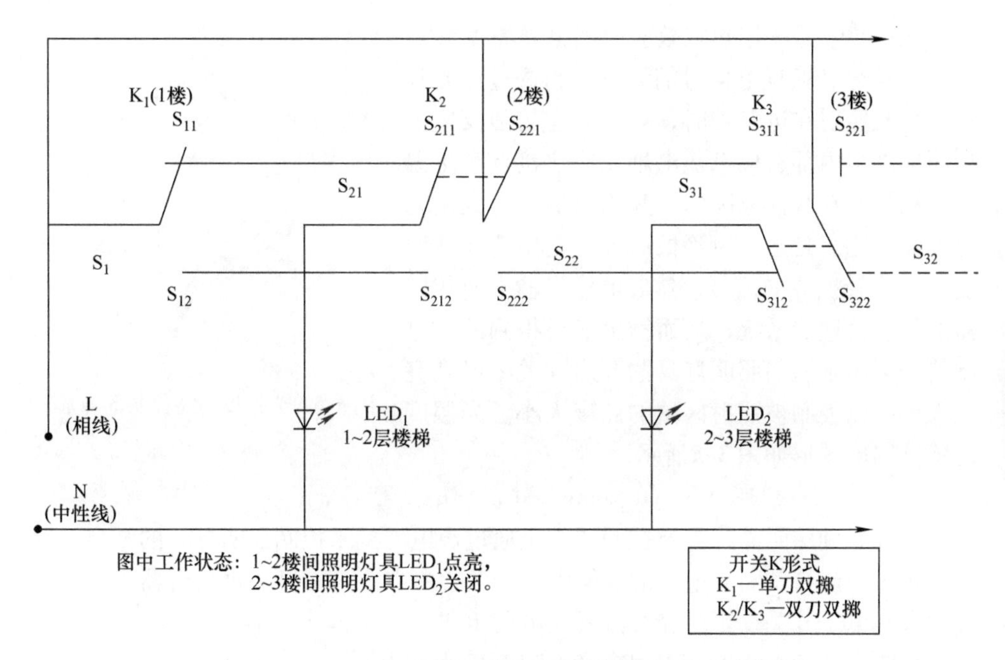

图 3-3　用组合开关控制楼梯间照明灯具接线示意图

该设备控制使用。

当遥控器（或便携式显示装置）处于控制状态时，使用者每按下一个控制键，CPU 就从指定的存储单元中读取一系列二进制数据，串行输出，此时的位和位之间的时间间隔等于采样时的时间间隔，给信号保持电路，同时由调制电路进行信号调制，将调制信号经放大后，由发射二极管进行发射，从而实现该键所对应设备功能的控制。

只要设置完备，照明灯具的遥控器（或便携式显示装置）便可以控制照明灯具的开启、关闭、亮度等级或相关色温等技术功能和技术指标。在同一间室内，还可以控制如电风扇、空调之类的家用电器。

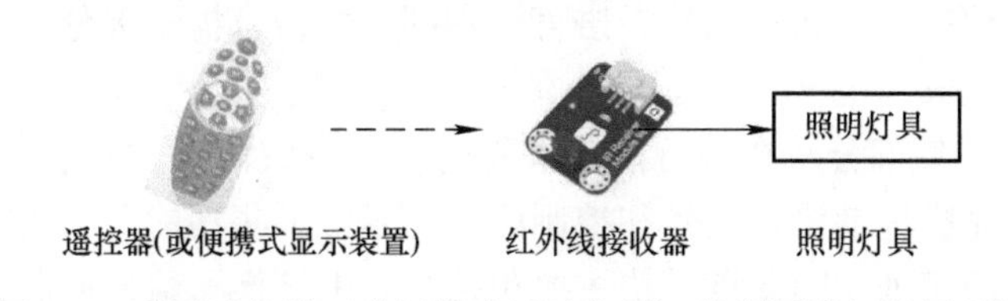

图 3-4　采用遥控器（或便携式显示装置）控制照明灯具原理图

3. 背景光照度控制照明（Background Illumination Control Lighting，CBI）

背景光照度控制照明即采用光传感器，也就是光敏二极管将背景光照度大小转换成电信号的一种传感器控制的照明，其控制光输出数值计量单位为 lx。

光传感器是采用热点效应原理将光亮度（或照度）信号转换成电信号的装置。当透过滤光片的可见光照射在进口处时，对弱光有较强反应的探测部件与内部多接点热电堆、冷热接点产生温差电动势，在线性范围内，其输出信号与太阳辐射度成正比。光敏二极管根据可见光亮度（或照度）大小转换成电信号，然后电信号输入至传感器的信息处理器系统，从而输出需要得到的二进制信号，用来控制照明灯具的开启、关闭或光亮度大小，以控制被照射区域的照度大小。光照度传感控制器外形如图 3-5所示。

图 3-5　光照度传感控制器外形

4. 声音控制照明（Sound Controlled Lighting，CSO）

声音控制照明简称为声控照明，是通过声电转换来控制照明灯具的开启，并经过延时后能自动断开电源的节能电子开关控制器。声控开关由拾音器、声音信号放大、电子开关、延时和交流开关电路组成。

在特定环境光线下，采用声音效果激发光控电路。在白天或光线较强时，声控开关处于关闭状态；夜晚或光线较暗时，声控开关处于预备工作状态。当有人经过该开关附近时，脚步声、说话声、拍手声均可将声控开关启动，使照明灯具点亮，延时一定时间后，声控开关自动关闭，照明灯具熄灭。声控开关的外形见图 3-6 所示。

图 3-6　常用声控开关外形图

现有一种将上述开关功能元件安装在灯具（如灯头）中的产品，可节省开关的用线和装置费用。

5. 语言控制照明（Speech Controlled Lighting，CS）

语言控制照明系统总体架构框图如图 3-7 所示，它由语言采集部分、语言前级处理部分、标准语言输入部分、语言识别部分、语言提示部分、输出控制部分和语言模板库组成。

（1）语言采集部分　在进行语言采集时，需将波段开关 K 拨至 A 位。语言采集部分主要完成标准语言信号和控制语言信号的采集功能，它将原始语言信号转换成语言脉冲序列，因此该模块主要包括声 - 电转换、信号调制和采样等信号处理过程。

（2）语言前级处理部分　语言前级处理部分的主要功能是滤除干扰信号、提取语言特征矢量，并将提取的语言特征矢量量化成标准语言特征矢量，因此该部分主要包括语言预处理、特征提取、矢量量化等语言信号处理过程。

(3) 标准语言输入部分　标准语言输入部分的主要功能是将多次采集、提取的标准语言特征的标准矢量进行概率统计，提取控制人说话的最佳语言特征标准矢量，防止因说话人心情、环境等因素引起提取特征参数不准确，而影响语言识别效果，因此该部分主要包括概率统计、参数评估等处理过程，用隐马尔可夫（HMM）模型予以实现。

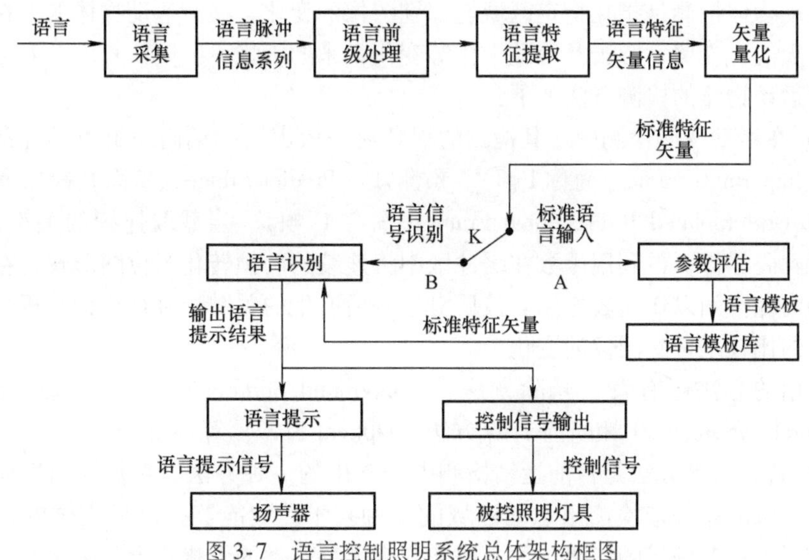

图 3-7　语言控制照明系统总体架构框图

(4) 语言识别部分　在对照明系统进行语言控制时，需将波段开关 K 拨至 B 位。

语言识别部分的主要功能是将采集的控制语言特征矢量与语言模板库中的语言标准模型进行比较，判断当前语言命令的功能，因此该模块主要包括矢量比较与参数评估两个过程。

(5) 语言提示部分　语言提示部分的主要功能是根据语言识别的结果，提示用户进行相关操作或说明当前完成的功能，因此该部分主要包括调用提示语言资源文件、D－A 转换、信号放大等语言处理过程。

(6) 输出控制部分　输出控制部分的主要功能是根据语言识别的结果输出相应的控制信号，实现照明系统等办公电器的语言控制功能，因此该部分主要包括信号驱动、输出控制器和被控对象。

(7) 语言模板库　语言模板库的主要功能是存储多次采集、提取的标准语言特征的语言矢量，并经概率统计、参数评估等处理后的最佳标准语言特征矢量的语言库。

6. 对运动物体监测控制照明方法概述

随着技术的飞速发展，人们对闭路电视监控系统的应用越来越普遍，对其技术指标的要求也越来越高，智能化在监控领域得到越来越多的应用。在某些监控的场所对安全性要求比较高，需要对运动的物体进行及时检测和跟踪来控制照明系统（The Detection of Moving Objects Control System，CMO）。因此需要一些精确的图像检测技术来提供自动报警和目标检测判断的依据。对运动物体的检测是安防智能化应用最早的领域。

运动物体检测是指在指定区域能识别图像的变化，检测运动物体的存在，并避免由天气、光照、影子及混乱干扰等变化带来的干扰。

对运动物体的检测方法如下：

1）在运动物体检测中，其检测的视频流一般由三类编码帧组成，分别是关键帧（Important Frame，简称 I 帧）、预测帧（Predict Frame，简称 P 帧）和内插双向帧（Interpolated Bidirectional Frame，简称 B 帧）。当截取连续的关键帧时，可经过解码运算，再利用函数在缓冲区中将连续的两帧转化为位图形式，存放在另外的内存空间以作比较之用。最后对编码后产生的关键帧进行比较分析，通过视频帧的比较来检测图像的变化。

常用的方法还有背景减除方法（Background Subtraction）、时间差分方法（Temporal Difference）和光流计算方法（Optical Flow）等。

2）背景减除方法是目前运动检测中最常用的一种方法，它是利用当前图像与背景图像的差分来检测出运动区域的一种技术。它能够提供最完全的特征数据，但对于动态场景的变化，如光照和外来无关事件的干扰等十分敏感。目前正致力于开发不同的背景模型，以期减少动态场景变化对运动分割的影响。

3）时间差分（又称相邻帧差）方法是在连续的图像序列中的两个或三个相邻帧间，采用基于像素的时间差分，通过阈值化来提取图像中的运动区域。时间差分运动检测方法对于动态环境具有较强的自适应性，但一般不能完全提取出所有相关的特征像素点，在运动实体内部容易产生空洞现象。

4）光流计算方法的运动检测是采用运动目标随时间变化的光流特性，通过计算位移向量光流场来初始化基于轮廓的跟踪算法，从而有效地提取和跟踪运动目标。该方法的优点是在摄像机运动存在的前提下也能检测出独立的运动目标。光流计算方法的抗噪性能差，如果没有特别的硬件装置则不能应用于全帧视频流的实时处理。

在运动检测中还有一些其他的方法，如运动向量检测法等。各种运动物体监测方法均有其独特的优势，但也存在一些不足。所以实际采用时，要视使用环境和使用要求而选取。

运动检测的实现如下：标准模拟视频信号（彩色或黑白）是亮度信号和色度信号通过频普间置叠加在一起的，需经过信号输入处理模块进行 A－D 解码，将模拟信号转成数字信号，产生标准的 ITU 656 YUV 格式的数字信号，再以帧为单位送到编码卡上的DSP和内存中。YUV数据在DSP中加上OSD（字符时间叠加）和LOGO（位图）等，复合后通过PCI总线送到显存中，供视频实时预览用，并将复合后的数据送到编码卡的内存中，供编码使用。将编码卡内存中的YUV数据送到编码器中，产生压缩码流，送至内存中，供录像或网络传输使用。然后采用背景和时间相结合的帧差分的算法，通过计算两个有一定时间间隔的帧的像素差分获得场景变化。

对运动物体监测控制照明方法的应用实例如图3-8所示。

图3-8　运动物体监测器

7. 人体红外线感应控制照明

人体红外线感应控制照明（The Body's Infrarde Induction Control of Lighting, CBIS）。人体红外线感应控制照明采用MCU电路技术设计，主动式红外线工作方式，带有红外解码方式，广泛应用在弱光条件下，要求人体感应控制照明灯具的场合，是绿色节能照明灯具控制的一种控制形式。采用对光照度进行检测、主动对人体发射的红外线检测并解码接收，控制输出，带负载能力和抗干扰能力强，适用于任何场所。白天或光线较强时控制照明灯具不会开启，在晚上光线较暗时人到即可自动开启照明。当人离开后可自动延时关闭，杜绝能源的浪费，延长电器使用寿命，且集节能、方便、安全于一体。一般的感应头直径为21mm，感应距离为0～5m，感应角度为120°，控制电压为220V，工作频率为50Hz，延时范围可在0.5～5min之间调节，用于卫生间、浴室、电梯、厅堂等场所。安装时应将智能控制装置安装在人经常活动的地方（天花板或墙壁上），可提高其灵敏度及工作范围。原理图如图3-9所示，实物图如图3-10所示。

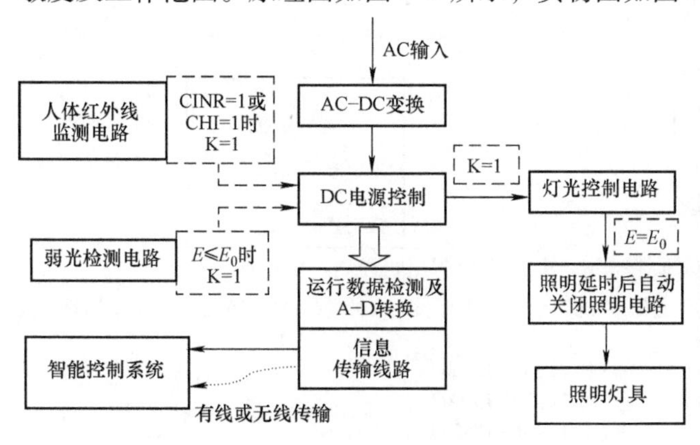

图3-9　人体红外线感应控制照明原理图

图3-10　人体红外线感应控制装置实物图

四、医疗机构照明系统智能控制逻辑关系图

1. 单元诊疗室、办公室智能照明控制逻辑框图（见图3-11）

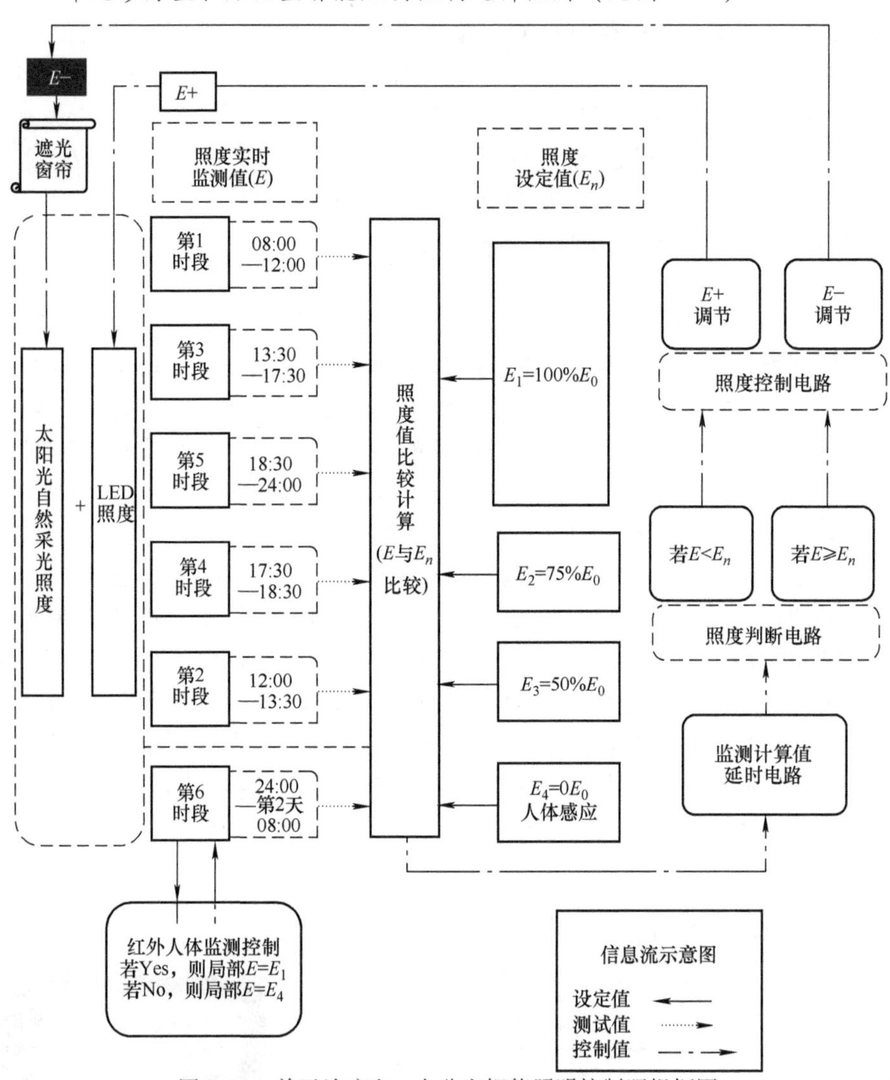

图3-11 单元诊疗室、办公室智能照明控制逻辑框图

注：以下时间可根据地域不同和季节变化，授权于具有修改资质的人员进行设置和调整。以下举例只是按照常规作息时间安排的举例说明。

第1时段——白班上午时段（如08:00—12:00）
第2时段——午餐及午休时段（如12:00—13:30）
第3时段——白班下午时段（如13:30—17:30）
第4时段——晚餐时段（如17:30—18:30）
第5时段——晚班时段（如18:30—24:00）
第6时段——深夜班时段（如24:00—第2天08:00）

2. 住院部单元病房照明智能控制逻辑框图（见图 3-12）

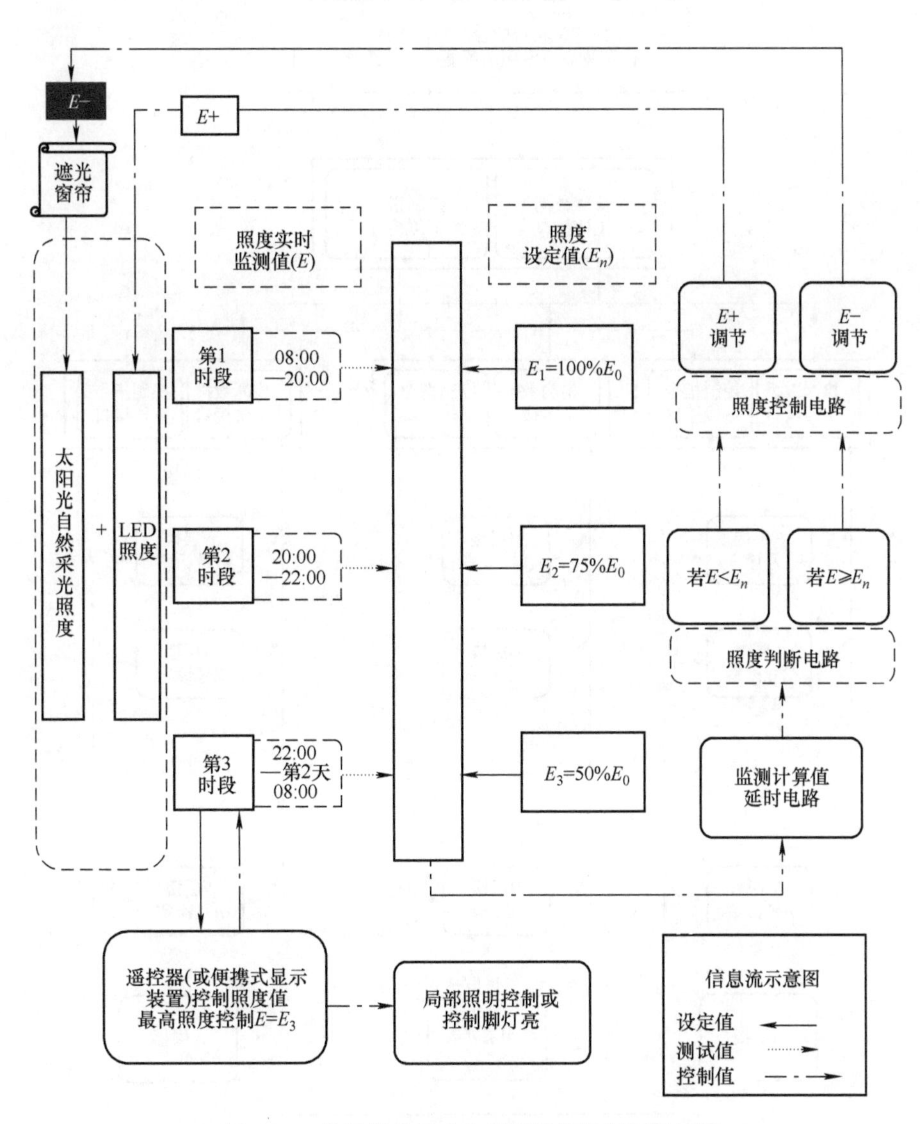

图 3-12　住院部单元病房照明智能控制逻辑框图

注：以下时间可根据地域不同和季节变化进行设置和人为调整。

第 1 时段——白天时段　　（如 08:00—20:00）

第 2 时段——夜晚时段　　（如 20:00—22:00）

第 3 时段——深夜时段　　（如 22:00—第 2 天 08:00）

3. 诊室/办公室分系统照明分组智能控制逻辑框图（见图3-13）

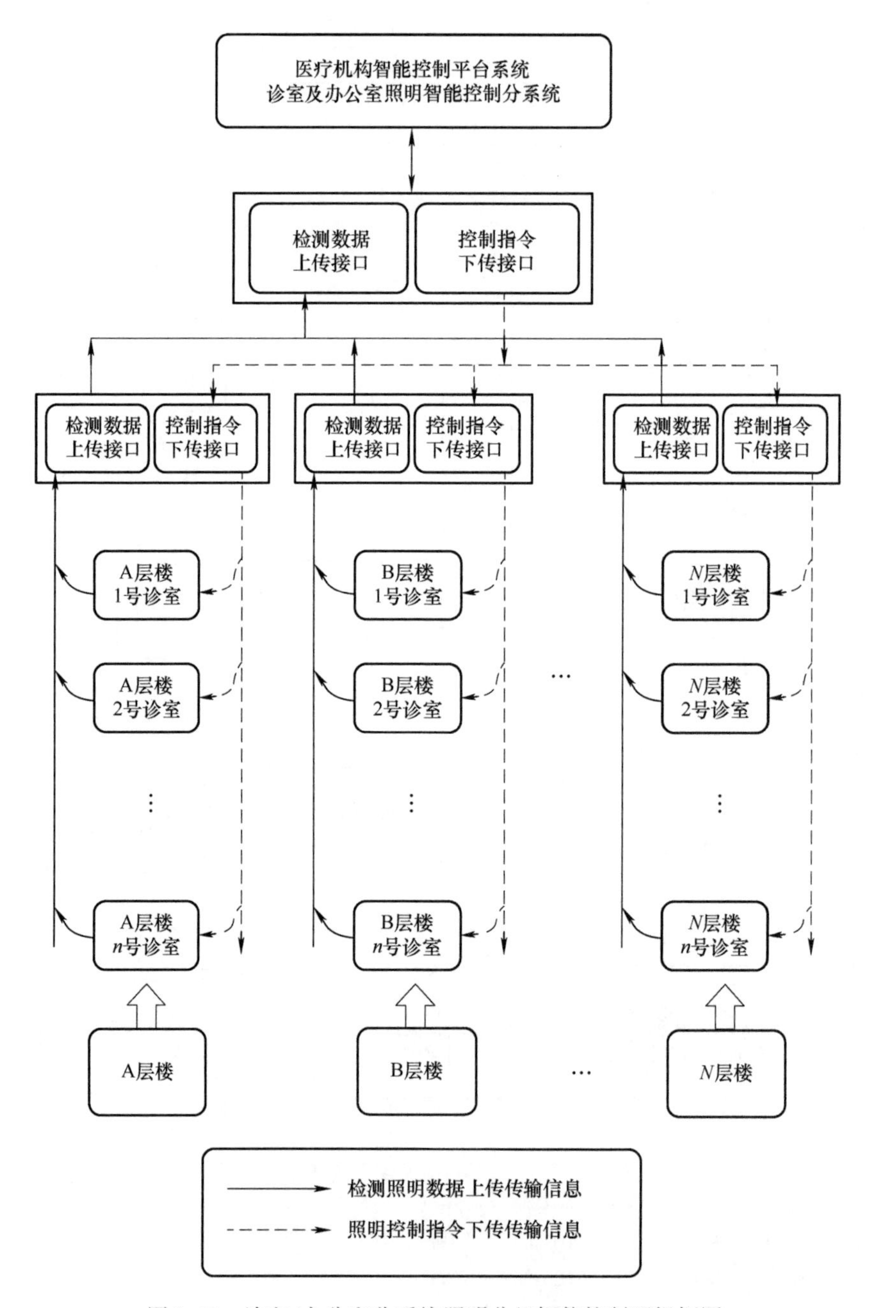

图3-13　诊室/办公室分系统照明分组智能控制逻辑框图

4. 住院部病房分系统照明分组智能控制逻辑框图（见图 3-14）

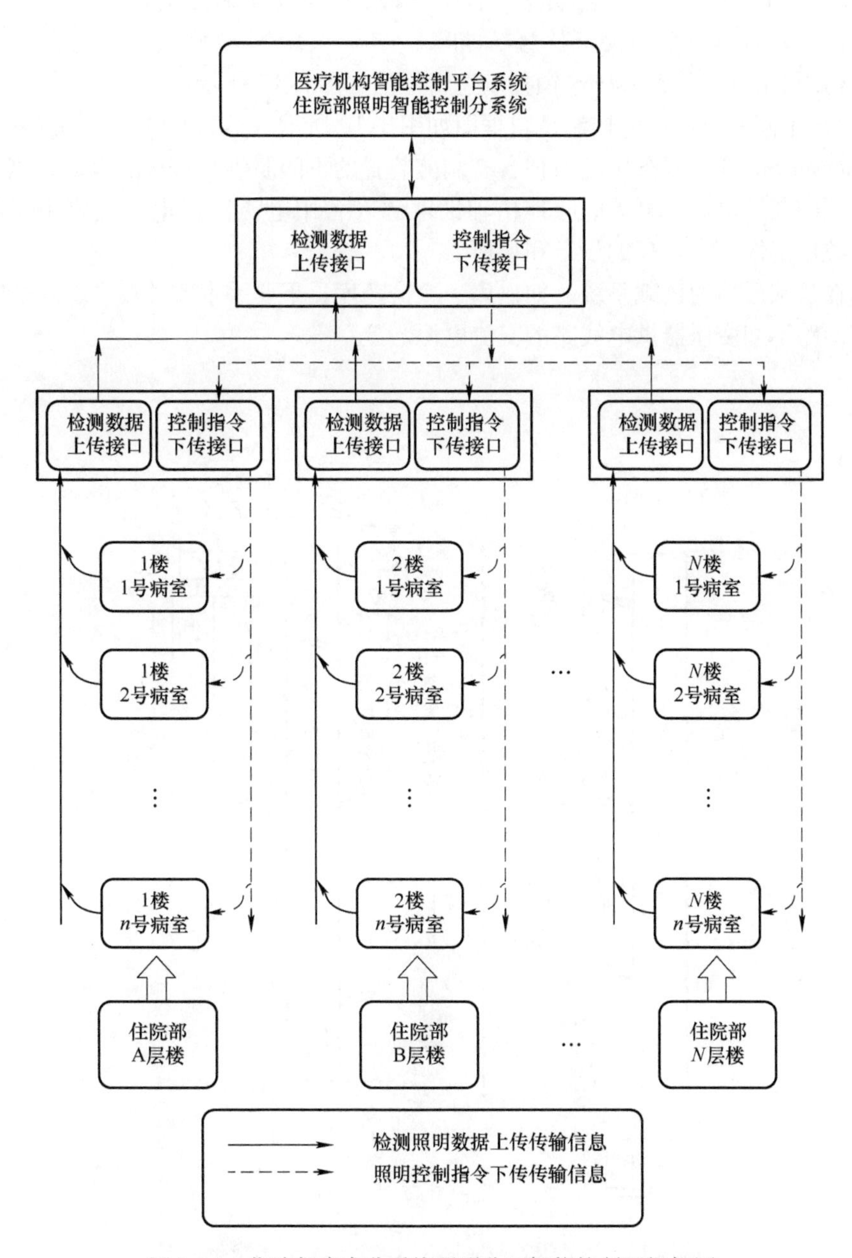

图 3-14 住院部病房分系统照明分组智能控制逻辑框图

5. 室外道路照明第3时序智能控制逻辑示意图（见图3-15）

6. 医疗机构照明智能控制平台系统控制逻辑框图（见图3-16）

7. 医疗机构的特殊要求控制逻辑图

1）灭菌灯与门禁系统连锁控制逻辑框图如图3-17所示。

2）不间断电源供电控制逻辑框图如图3-18所示。不间断电源（Uninterruptible Power Supply，UPS）是一种含有储能装置的不间断供给负载的电源，当主供电电源中断供电后，可无间隙地由辅助电源（备用电源）供电。主要用于部分对电源稳定性要求较高的设备和场所。

在要求严格的负载系统，如血库、冷链药库、重要手术室等场合，一般需要外接两路不同变压器供电线路的交流电源。

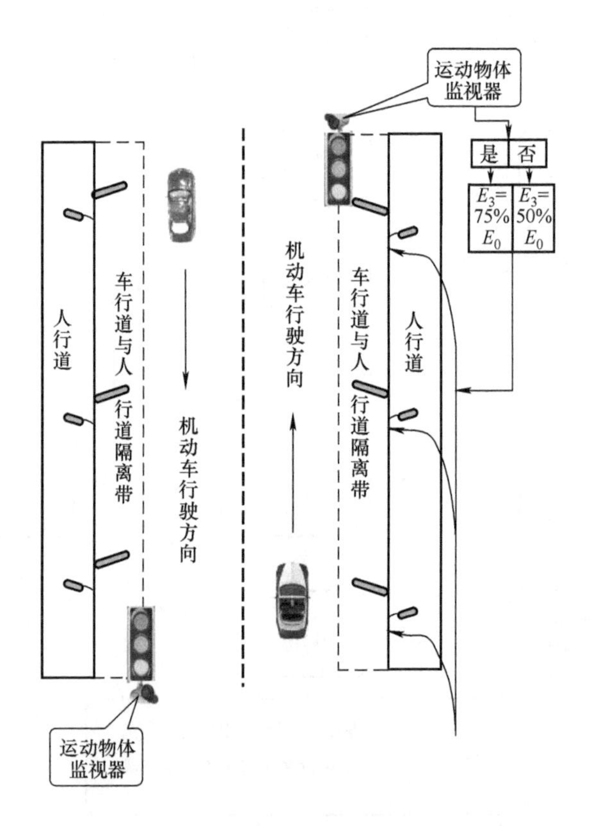

图3-15 室外道路照明第3时序智能控制逻辑示意图

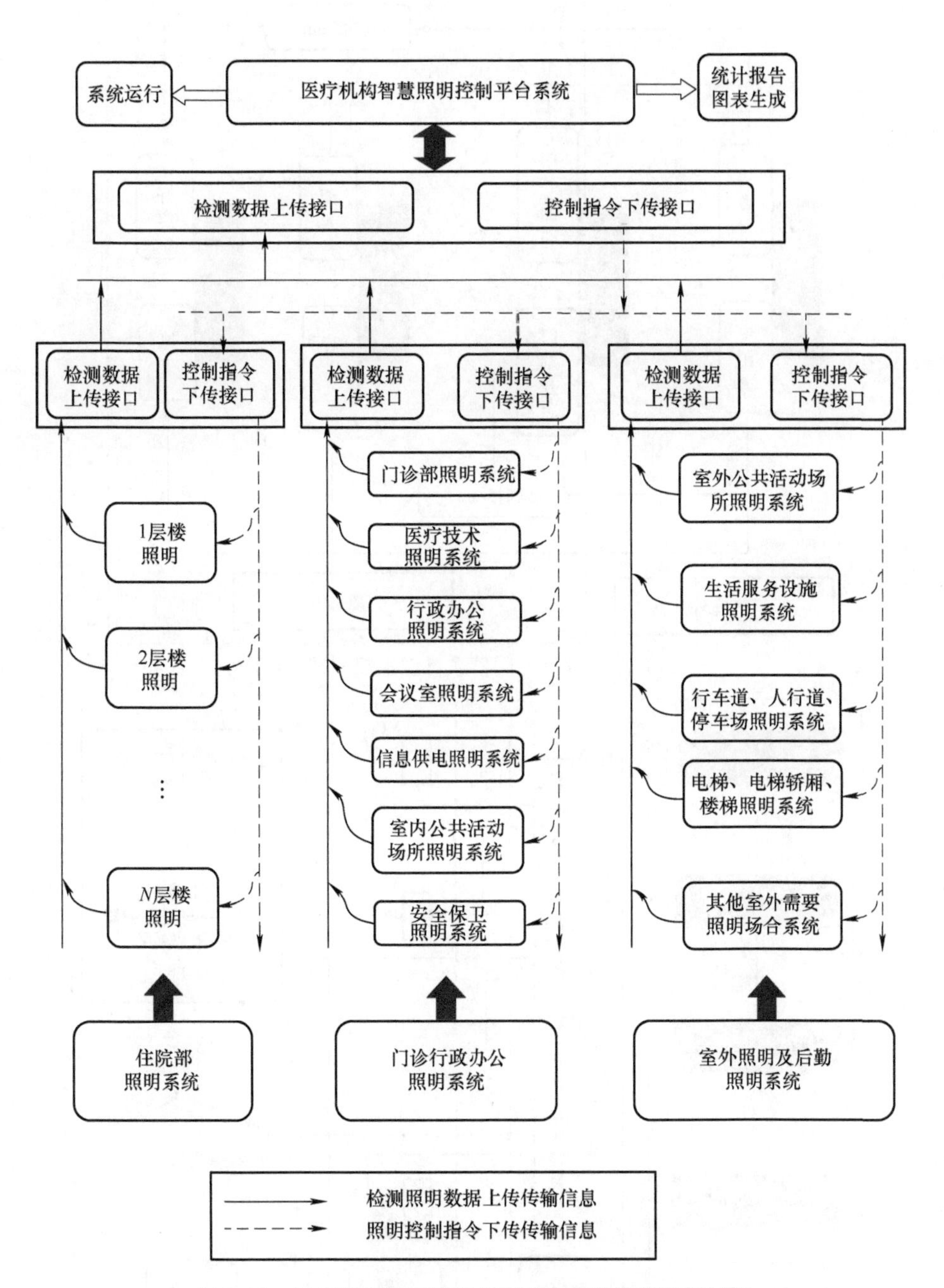

图 3-16　医疗机构照明智能控制平台系统控制逻辑框图

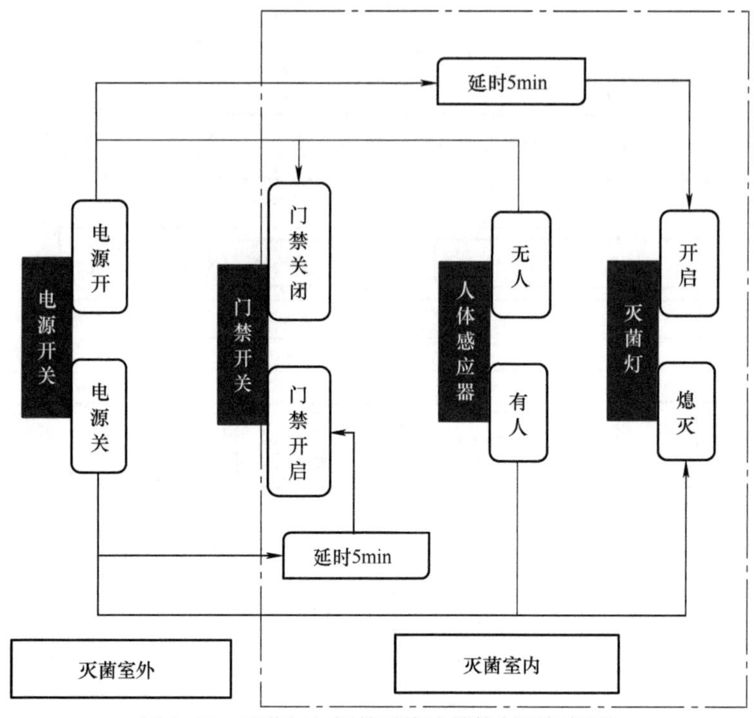

图 3-17　灭菌灯与门禁系统连锁控制逻辑框图

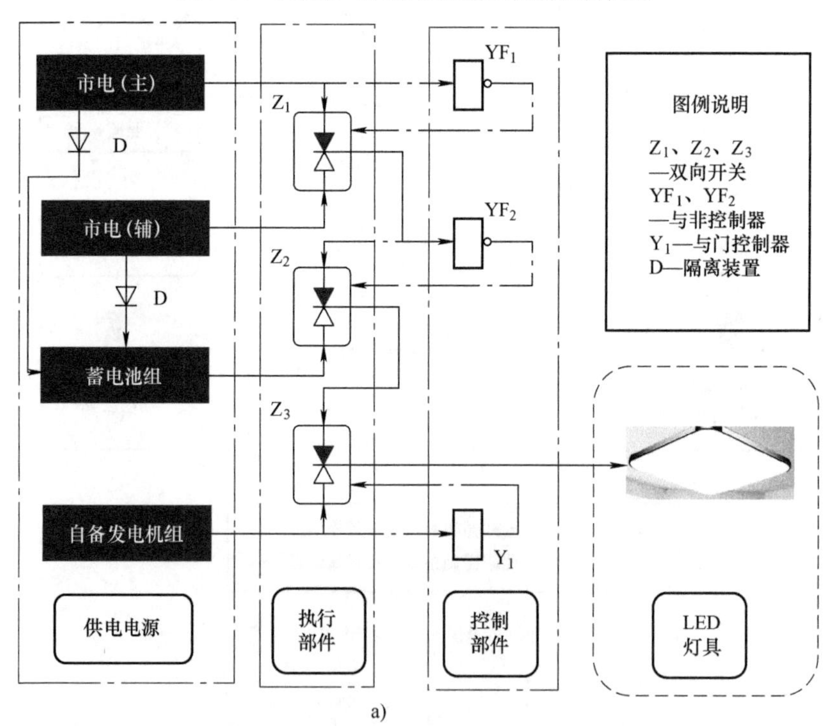

a)

图 3-18　不间断电源供电控制逻辑框图

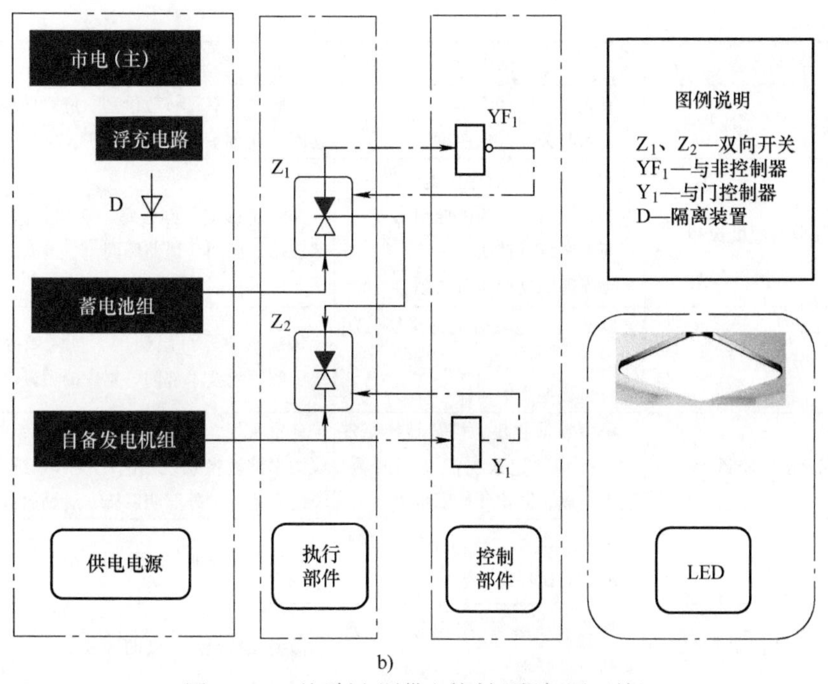

b)

图 3-18　不间断电源供电控制逻辑框图（续）

五、智能照明控制方法和控制内容推荐表（见表 3-1）

表 3-1　智能照明控制方法和控制内容推荐表

控制方法	控制内容	适用场所
开关控制	灯具的开启与关闭	一般科室、单人办公室、会议室、楼梯间、后勤操作间
组合开关控制	多灯具的开启与关闭	楼梯间
遥控器控制（或便携式显示装置控制）	灯具开/关、照度调整 区域照度调整	住院部病室、单人办公室、音视频会议室
光控开关（背景光照度控制）	开关自动控制 区域的照度自动控制 遮阳窗帘控制	一般科室、办公室、会议室、住院部病室等非封闭控制室内
声音控制	灯具开启 经延时照明后自动关闭	室内公共场所照明、人行道、楼梯间
语言控制	灯具选择、灯具开关、照度调整、相关色温控制	个人办公室、住院部病室、会议室等多照明分系统
运动物体监测器控制	低照度照明条件下无运动物体时保持低照度，有运动物体时增加照度，经一定延时后恢复低照度	室内公共活动场所、室外公共照明场所、室外道路照明

（续）

控制方法	控制内容	适用场所
人体红外线感应控制	有人时照明锁定 无人时关闭或低照度	一般办公室、一般诊室、危险照明区域、仓库、储藏室
时间分割照度控制	按需分时段/时序照度照明 白天以自然光为主照明 晚上全灯具照明 深夜降照度照明或关闭	非封闭诊室、办公室、病房、医疗技术部、室外照明、道路照明
分组控制	以部门、地域区间、楼层分组控制 分组数据集中传输	每层诊室、每层病房、每区域办公室、集中的医疗技术部门、集中的后勤部门
分系统控制	集中数据收集、模数转换、整理、上传、记录、汇总、报警、报表生成、同比环比图生成	诊室系统、病房系统、办公室系统、会议图书馆教室系统、医疗技术系统、医疗辅助系统、室外照明系统、后勤服务系统
照明总系统控制	记录、汇总、故障报警、报表生成、同比环比图生成	医疗机构照明智能控制系统
智能控制	照度闭环式数据设置、管理控制	需要保持恒定照度的区域
亮度控制（对光源而言）	光源亮度闭环控制	需要保持恒定亮度的封闭式高洁净度要求区域
色温控制	色温控制	特殊诊室、特殊病房、特殊医疗技术部门、对色温有要求的场所
RGB 色彩控制	光谱调整	场景模式照明 有感情色彩的场所 会议室、音视频会议室
场景模式控制	改变或调整照明色调或图案	场景模式照明（场景固定性）
自然舒适模式	正白或暖白光、粉绿或淡蓝色光	特殊诊室　特殊住院病室、候诊室、门诊大厅
温馨模式	暖白或粉红低色温、低亮度、高显色指数光	特殊诊室、病室（产房、儿科、老年病房、心理卫生科）
静夜模式	暖白或粉绿低色温、低亮度至微亮度光	老年病房，复苏室、病房晚间照明等
专注集中精力模式	冷白高色温、高亮度、高显色指数光	手术室、抢救室、急诊室等
愉快、庆典模式	低色温金黄或红色背景光	会议室、音视频会议室等
其他控制方式	按要求选取	特殊应用场所

第四章 城市道路照明智能控制系统的设计和实践

一、城市道路照明智能控制系统接口要求

1）城市道路照明智能控制部分应具有运行所需的直流电源接口，并注明所需电源参数（供电电压及差值范围、供电电流及差值范围、供电功率最小值、供电精度范围、功率因数最小值、谐波限定值、电磁兼容限定值），接口接插件应具备防水功能。

2）智能控制部分应具备无线信号的输入/输出的接口功能，或具备电力载波信号的输入/输出的接口功能；

3）智能控制部分应具备与智能路灯的控制电源或光源控制信号的接口接插件，控制信号的接口接插件应具备防水功能和信号屏蔽功能，接插件的频率特性应高于设备工作的最高频率和频谱范围。

二、城市道路照明智能控制系统功能要求

1）城市道路照明智能控制部分应具有时间（包括：年－月－日－小时－分）自动跟踪校准功能。

2）应具备时段分割功能，以区分正常照明时段和正常非照明时段，以自动控制智能路灯的正常照明与熄灭，且时段的起始与终止时间可人为设置。

建议举例：如设置正常照明时段为19:00—第二天07:00；正常非照明时段为07:00至19:00。

3）建议智能路灯的照明启动和熄灭，采取软启动和软熄灭的方式，以利于应对主电源和供电变压器的负荷冲击，有利于削弱时道路行人的眼睛刺激。软启动和软熄灭可以采取阶梯式步进启动或熄灭，也可以采取无级式启动或熄灭。

建议举例：阶梯式步进启动或熄灭，例如在5～10min时间内，逐步按照0－25%－50%－75%－100%亮度值（或照度值）启动，并按照100%－75%－50%－25%－0亮度值（或照度值）熄灭；无极式启动或熄灭，例如在5～10min时间内，逐步按照5%的亮度值（或照度值）递增启动或递减熄灭。

4）为了节约能源，实施按需照明的智慧性能，在正常照明时段，应采取智慧分时序控制各个时序的照明亮度（或照度）。

建议举例：例如将正常非照明时段划分为6个时序，说明如下：

第1时序：19:00—19:05软启动照明时序，在5min时间内逐步提高照明亮度（或照度），直至使照明亮度（或照度）达到额定值的100%。

第2时序：19:05—24:00正常照明时序，照明亮度（或照度）为额定值的100%。

第3时序：24:00—02:00第一次节电时序，照明亮度（或照度）下降到为额定值的75%。

第4时序：02:00—05:30第二次节电时序，照明亮度（或照度）下降到为额定值的50%。

本时序内应启动“运动物体监测器”监测各行车道是否有“运动物体”出现：如果没有运动物体出现，则维持照明亮度（或照度）为额定值的50%不变；如果监测到某车道有运动物体出现，则将某车道照明亮度（或照度）调整为额定值的100%，并且根据此段道路的长度及限制速度，设计高照明亮度（或照度）的延时时间。车辆通过完毕后，该车道照明亮度（或照度）恢复至额定值的50%。如此反复。

第5时序：05:30—06:55恢复正常亮度（或照度）为额定值的100%。原因是在一般情况下05:30以开始有早班公共交通车行驶，已有环卫工人打扫街道，还会有晨练人员外出锻炼，需要恢复正常照明。

第6时序：06:55—07:00照明路灯软熄灭，在5min时间内逐步降低照明亮度（或照度），直至使照明亮度（或照度）达到额定值的0%。第一时段结束。

5）为了解决正常非照明时段，即常规情况下白天不需要开启照明路灯的时段。在特殊气象环境下，如雷阵雨及之前、大雾或雾霾、日食等使能见度显著下降时，应按照能见度等级开启一定照明亮度（或照度），以补充空气能见度（或水平能见度）的不足。本时序内应启动水平能见度监测器监测空气的能见度（见表4-1）。以下举例说明。

建议举例：

① 如果水平能见度的可视距离不小于1km，即达到水平能见度3级（一般）标准，则维持不启动照明路灯。

② 如果水平能见度的可视距离小于1km，而大于500m，即达到水平能见度4级（较差）标准，则应启动照明路灯，使照明亮度（或照度）控制在额定值的50%，以补充自然光亮度的不足；同时应启动时间延时电路，例如延时10min。

③ 如果水平能见度的可视距离小于500m，而大于100m，即达到水平能见

度5级（差）标准，则应启动照明路灯，使照明亮度（或照度）控制在额定值的75%，以补充自然光亮度的不足；同时应启动时间延时电路，例如延时20min。

④ 如果水平能见度的可视距离小于50m，即达到水平能见度6级（很差）标准，则应启动照明路灯，使照明亮度（或照度）控制在额定值的100%，以补充自然光亮度的严重不足；同时应启动时间延时电路，例如延时30min。

⑤ 如果水平能见度监测到水平能见度的可视距离大于1km，即自然光亮度已满足交通行车条件，则使照明路灯熄灭，水平能见度监测器继续处于监测状态。直至第二时段结束。

表4-1　空气能见度状况的路灯照明亮度及延时时间控制表

空气水平 能见度等级	空气能见度 可视距离 D_v/m	亮度要求 Le（额定值）	亮度延时 时间 t/min
3级（一般）	≥1000	0Le	0
4级（较差）	1000≥500	50% Le	10
5级（差）	500≥100	75% Le	20
6级（很差）	≤100	100% Le	30

6）智慧照明路灯应具有运行数据检测、记录和传输功能。

建议举例：

① 应设置智慧照明路灯的正常运行技术参数的正常值范围值。如电源控制器交流电压输入值 $U_{AC} \pm \Delta U_{AC}$，电源控制器直流电压输出值 $U_{DC} \pm \Delta U_{DC}$；电源控制器直流电流输出值 $I_{DC} \pm \Delta I_{DC}$，电源控制器交流电功率输出值 $P_{AC} \pm \Delta P_{AC}$；电源控制器交流电功输出值 $E_{AC} \pm \Delta E_{AC}$和其他需要检测的运行技术参数值。

② 应具有已设置的运行技术参数检测模组和信息转换电路，转换成网关所约定的数据形式，并可通过无线传输系统或电力线载波传输系统，向中央控制室控制平台传送。

③ 应具有对运行技术参数的实时检测功能，检测技术数据内容应包括以下内容：如电源控制器交流电压实时检测值 U_{ACn}，电源控制器直流电压实时检测值 U_{DCn}，电源控制器直流电流实时检测值 I_{DCn}，电源控制器交流电功率实时检测值 P_{ACn}，电源控制器交流电功实时检测值 E_{ACn}和其他需要实时检测的运行技术参数值。且应设置实时检测数据的检测频率，例如，每5min或10min检测一次。

④ 应具有实时检测的数据与正常运行技术参数的正常值范围值的比较功能。并且将比较结果分为以下三种状况：

正常运行状况，即实时检测值均在正常值范围内，该数据传输至中央控制室控制平台，进行记录；

异常运行状况，即实时检测值在一定时间范围内间断出现超出正常值范围的现象，则智能控制电路应及时进行调整，使之恢复正常，该数据传输至中央控制室控制平台，进行记录，控制平台应发出黄色预警信号，或由控制平台予以调整；

故障运行状况，即实时检测值在一定时间范围内不间断地出现超出正常值范围的现象，智能控制电路应及时进行调整，使之恢复正常，该数据传输至中央控制室控制平台，进行记录，控制平台应发出红色报警信号，或由控制平台予以调整和解决。

7）中央控制室控制平台。

智能路灯控制系统应具备中央控制室控制平台，并应具备以下功能：

1）应具备对实时检测的运行技术数据的接收、记录、统计、分析功能；

2）应具备对异常运行状况和故障运行状况的记录、报警和处理功能，使照明系统能够正常运行；

3）应具备声光报警和视频显示故障点功能；

4）应具备发出特别指令并进行及时执行功能。

建议举例：

① 当正常非照明时段适至喜庆节日或其他需要启动路灯照明时，可由相关部门命令控制平台发出特别指令，启动所涉及的路段的路灯。

② 当在正常照明时段遇到恶劣气象或严重自然灾害，如破坏性台风、地震、泥石流等，必须保护电力设施不受损失时，可由相关部门命令控制平台发出特别指令，熄灭所涉及的路段的路灯。

8）说明：对于城市道路照明智能路灯的智能控制部分，在实际设计和制造中，可由供需双方根据实际需求予以设定。

三、城市道路照明用路灯智能控制逻辑关系图

详图如图 4-1 ~ 图 4-5 所示。

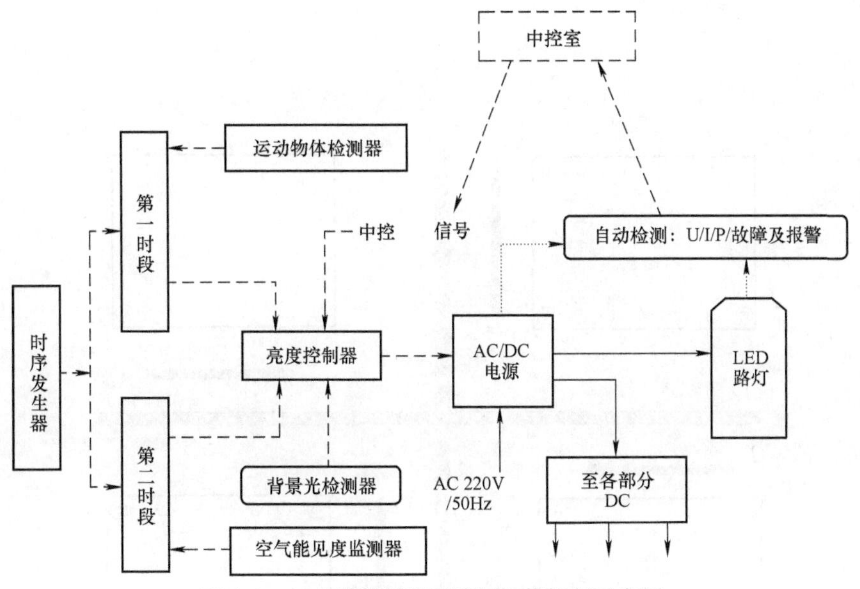

图 4-1　城市道路照明用路灯智能控制示意图

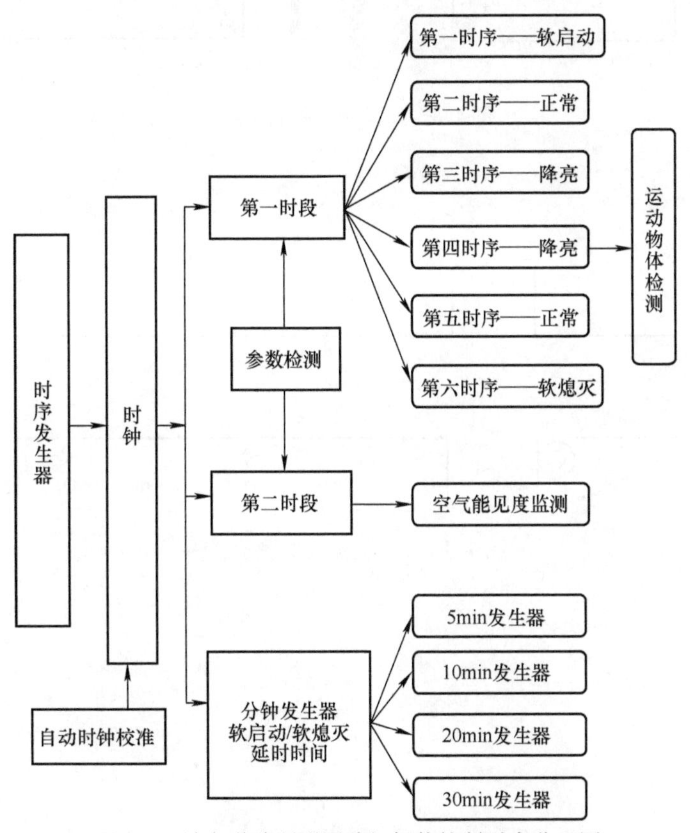

图 4-2　城市道路照明用路灯智能控制时序分配图

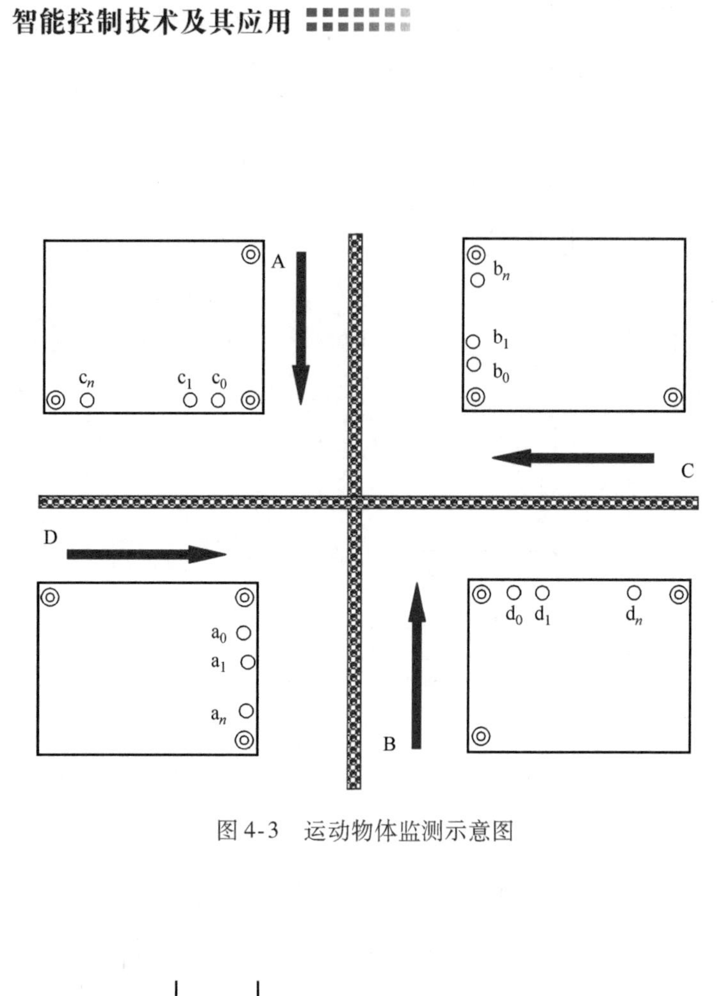

图 4-3　运动物体监测示意图

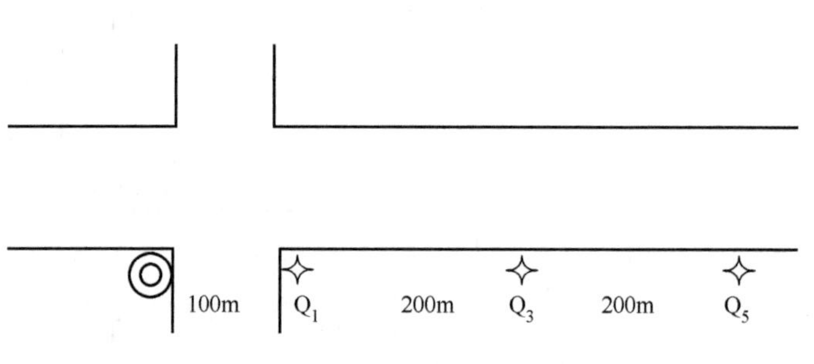

图 4-4　空气能见度监测示意图

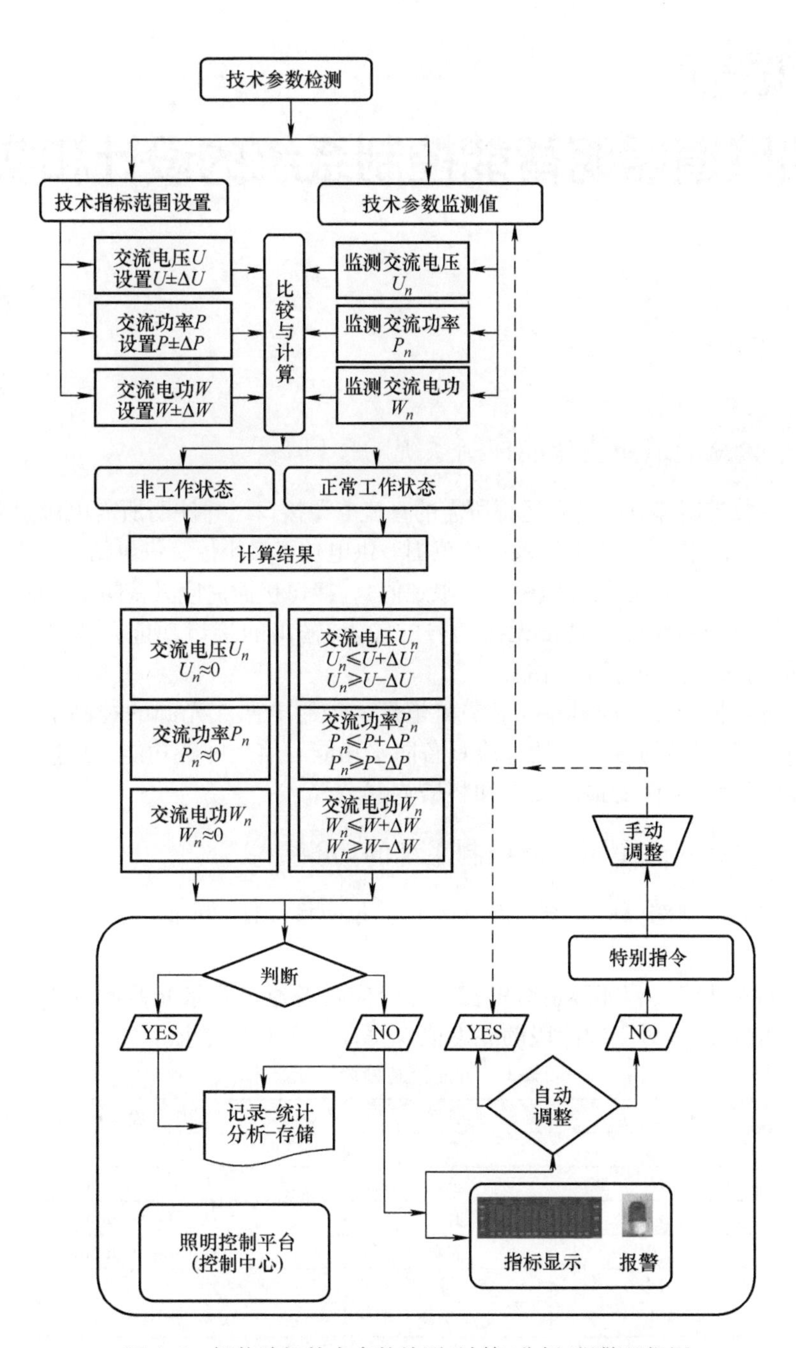

图 4-5　智能路灯技术参数检测/计算/分析/报警逻辑图

第五章

公路隧道照明智能控制系统的设计和实践

一、公路隧道照明智能控制系统的接口要求

1）智慧控制部分应具有运行所需的直流电源接口，并注明所需电源参数（供电电压及差值范围、供电电流及差值范围、供电功率最小值、供电精度范围、功率因数最小值、谐波限定值、电磁兼容限定值），接口接插件应具备防水功能；

2）智慧控制部分应具备无线信号的输入/输出的接口功能，或具备电力载波信号的输入/输出的接口功能；

3）智慧控制部分应具备与智慧隧道灯的控制电源或光源的控制信号的接口接插件，控制信号的接口接插件应具备防水功能、信号屏蔽功能，接插件的频率特性应高于设备工作的最高频率和频谱范围。

二、公路隧道照明智能控制系统的功能要求

1）智能控制部分应具有时间（包括：年－月－日－小时－分）自动跟踪校准功能；

2）调光功能：智能隧道灯的控制部分应具备通过背景光监测的数据，控制分级调光的功能，对于中间段的亮度值应符合表5-1的要求。

表5-1　智能控制分级调光要求

时段	调光等级	典型天气	中间段亮度
白天	DⅠ	晴天	L_{20}（cd/m²）
	DⅡ	云天	$0.5L_{20}$（cd/m²）
	DⅢ	阴天	$0.25L_{20}$（cd/m²）
	DⅣ	重阴	$0.13L_{20}$（cd/m²）
晚上	EⅠ	交通量较大	L_{in}
	EⅡ	交通量较小	$0.5L_{in}$（≥0.7cd/m²）

3）为了节约能源，实施按需照明的智能性。

通过运动物体监测器监测，在有运动物体经过时，按照分级调光要求使各个照明段（接近段、入口段、过渡段、中间段及出口段）与中间段的亮度比正常照明；

通过运动物体监测器监测，在没有运动物体经过时，按照分级调光要求使各

个照明段（接近段、入口段、过渡段、中间段及出口段）均调节至中间段相等的最低亮度照明。

4）智能照明隧道灯应具有运行数据检测、记录和传输功能。

5）中央控制室控制平台。智能隧道灯控制系统应具备中央控制室控制平台，并应具备以下功能：

① 对实时检测的运行技术数据的接收、记录、统计、分析功能；

② 对异常运行状况和故障运行状况的记录、报警和处理功能，使照明系统能够正常运行；

③ 声光报警和视频显示故障点功能；

④ 发出特别指令并进行及时执行功能。

建议举例：

① 当系统检修或其他需要启动隧道灯照明时，可由相关部门命令控制平台发出特别指令，启动所涉及的路段的隧道灯至最高亮度。

② 当遇到恶劣气象或严重自然灾害，如破坏性台风、地震、泥石流等，必须保护电力设施不受损失时，可由相关部门命令控制平台发出特别指令，熄灭所涉及的路段的隧道灯。

6）说明：对于公路隧道照明智慧隧道灯的智慧控制部分，在实际设计和制造中，可由供需双方根据实际需求予以设定。

三、公路隧道的分类与照明要求（摘自《公路隧道设计细则》）

1. 公路隧道的分类（见表5-2）

1）一类隧道：指车辆按照设计速度计算，在洞内行驶时间长于20s，且平均每条车道的交通量大于1200 辆/h 的单向交通公路隧道，或者双向交通量合计大于1300 辆/h 的双向交通的公路隧道。

2）二类隧道：指车辆按照设计速度计算，在洞内行驶时间长于20s，且平均每条车道的交通量介于350～1200 辆/h 之间的单向交通公路隧道，或者双向交通量合计值介于360～1300 辆/h 的双向交通 的公路隧道，或者交通量相当于一类照明隧道的规定但按照设计速度计算洞内行驶时间不足20s 的公路隧道。

3）三类隧道：指平均每条车道的交通量低于350 辆/h，或者双向交通量的合计值低于360 辆/h，但车辆在洞内行驶时间超过20s 的公路隧道，以及车辆在洞内行驶时间不足20s 但交通量较大的公路隧道。

表5-2　各类公路隧道设计照明设施情况表

分类	描　　述
一类隧道	必须设置白天和夜晚的照明设施
二类隧道	应设置白天的照明设施，夜间洞内照明设施可以关闭
三类隧道	宜设照明，隧道照明主要用于抢险救援，平时可以关闭
其他隧道	除一、二、三类以外或长度小于100m 的公路隧道可以不设照明

注：1）二、三类隧道长度大于100m，小于按设计速度计算洞内行驶20s 的距

离，平、纵线形好，行车进口能看到出口，坡度小于2.5%，近期可不设照明设施，但远期需设置照明设施。当设置照明设施时，其照明亮度标准不变，敷设长度可减半。

2）二类隧道夜间洞内照明设施关闭时，必须有连续的自发光（如LED）诱导设施和定向反光轮廓标，弯道段应有自发光型线形诱导标；隧道内出现交通量增大或突发紧急事件时，应能立即开启全部照明设施。

3）三类隧道如不开启照明灯具则必须有连续的自发光（如LED）诱导设施和定向反光轮廓标以及线形诱导标。正常情况下照明灯具可以关闭，在出现交通事故或火灾救援时应能立即开启。

2. 各类隧道的照明要求

1）一类照明隧道必须设照明，且应有不间断的应急照明系统。洞内基本照明亮度、均匀度标准见表5-3。

表5-3　一类照明隧道基本照明标准

设计速度 v /(km/h)	设计亮度 L_{in} /(cd/m^2)	总均匀度 U_0	纵向均匀度 U_1
100	9.0	0.4	0.6~0.7
80	4.5	0.4	0.6~0.7
60	2.5	0.4	0.6
40	1.5	0.4	0.6

2）二类照明隧道应设照明，且应有不间断的应急照明系统。其洞内基本照明亮度、均匀度标准见表5-4。

表5-4　二类照明隧道基本照明标准

设计速度 v /(km/h)	设计亮度 L_{in} /(cd/m^2)	总均匀度 U_0	纵向均匀度 U_1
100	7.0	0.4	0.6~0.7
80	3.5	0.4	0.6~0.7
60	2.0	0.4	0.6
40	1.5	0.4	0.6

3）三类照明隧道宜设照明。为满足救援及养护的需要，洞内基本照明亮度、均匀度标准见表5-5。

表5-5　三类照明隧道基本照明标准

设计速度 v/(km/h)	设计亮度 L_{in}(cd/m^2)	总均匀度 U_0	纵向均匀度 U_1
100	4.0	0.4	0.6
80	2.5	0.4	0.6
60	1.5	0.3	0.5
40	1.0	0.3	0.5

四、公路隧道照明智能控制逻辑关系图

1. 公路隧道照明智能控制总体逻辑关系图（见图 5-1）

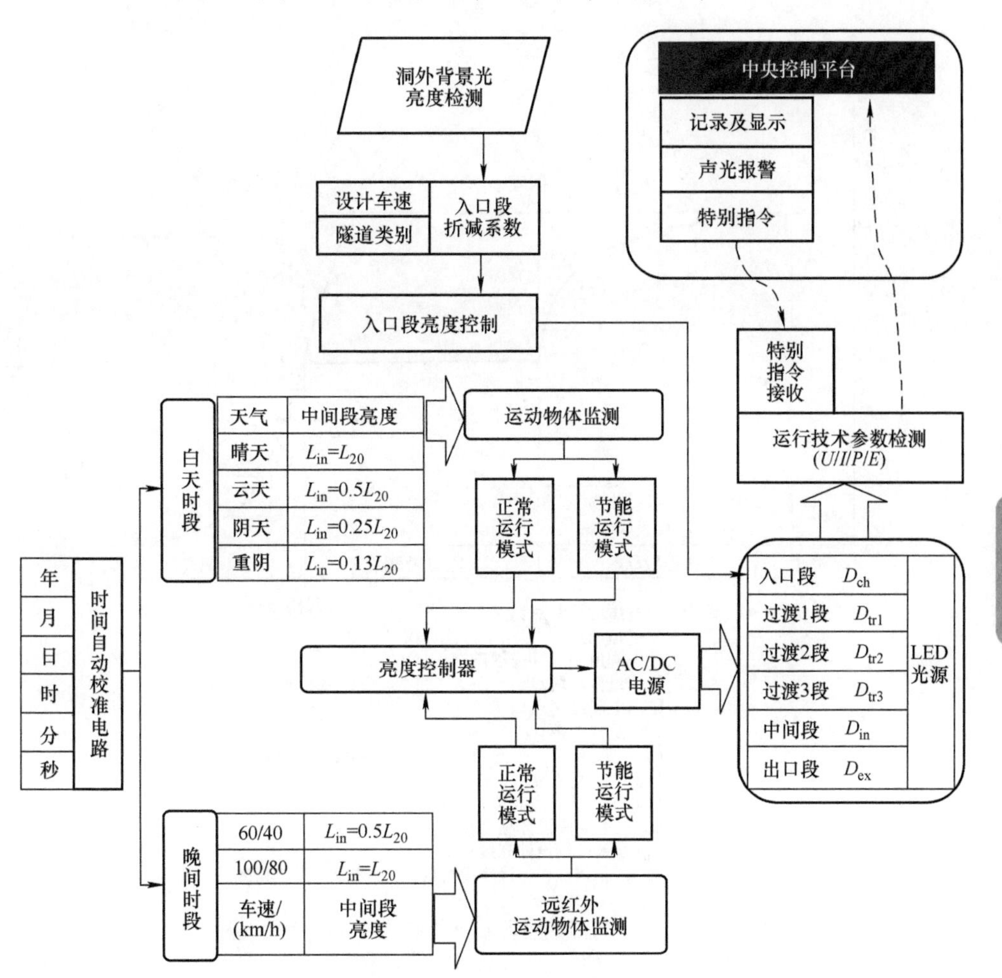

图 5-1　公路隧道照明智能控制总体逻辑关系图

注：隧道照明智能控制的控制关系为：

1. 入口段照度由洞外背景光亮度控制，其折减系数白天由隧道类型决定，晚上由隧道的设计车速决定。

2. 其余各段的照度由“中间段”的照度决定，而中间段白天照度由天气决定，晚上由隧道的设计车速决定。

3. 节能控制：由运动物体监测器（白天）和远红外运动物体监测器检测隧道内是否有运动物体，从而决定选择正常运行模式照明（有运动物体时）或节能运行模式照明（无运动物体时）。

2. 公路隧道照明各段长度与亮度要求关系曲线图（见图 5-2）
摘自《公路隧道设计细则》。

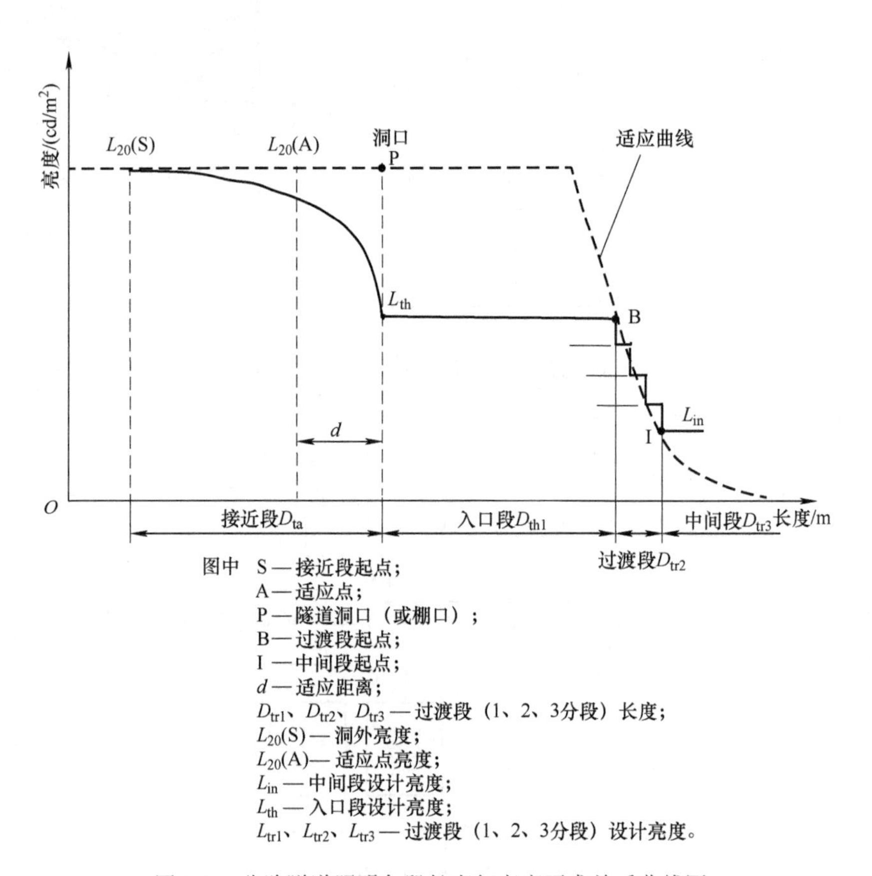

图 5-2　公路隧道照明各段长度与亮度要求关系曲线图

3. 洞口环境亮度 L_{20} 测试与计算方法
摘自《公路隧道设计细则》。
1）L_{20} 的视觉范围和刹车距离，如图 5-3 所示。

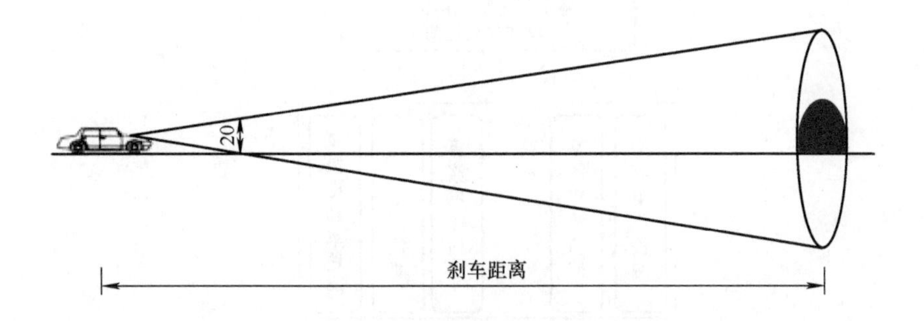

图 5-3　L_{20}计算方法示意图

注：

1. 如图所示，自洞口向外延伸一个刹车距离处，所测得的环境亮度定义为洞外亮度。

2. 洞口环境亮度（L_{20}）指在进入区的起点以驾驶员的视线为中心的20°的视角范围内四周、天空及路面的平均亮度。

2）L_{20}的亮度计算方法如下：

$$L_{20}(\mathrm{S}) = \gamma L_{\mathrm{C}} + \rho L_{\mathrm{R}} + \varepsilon L_{\mathrm{E}} + \tau L_{\mathrm{th}}$$

式中　L_{C}——天空亮度；

L_{R}——路面亮度；

L_{E}——环境亮度；

L_{th}——入口段亮度；

γ——天空亮度所占百分比；

ρ——路面亮度所占百分比；

ε——环境亮度所占百分比；

τ——隧道入口亮度所占百分比。

其中，$\gamma + \rho + \varepsilon + \tau = 1$。

注：式中L_{th}值为一个特定的未知量，τ值一般低于10%，同时，L_{th}值远远小于式中的其他亮度值。因此，$\tau \times L_{\mathrm{th}}$值可以忽略不计，故计算$L_{20}(\mathrm{S})$时近似地取前3项。

4. 隧道灯智能照明运行参数检测/计算/处理逻辑关系图（见图5-4）

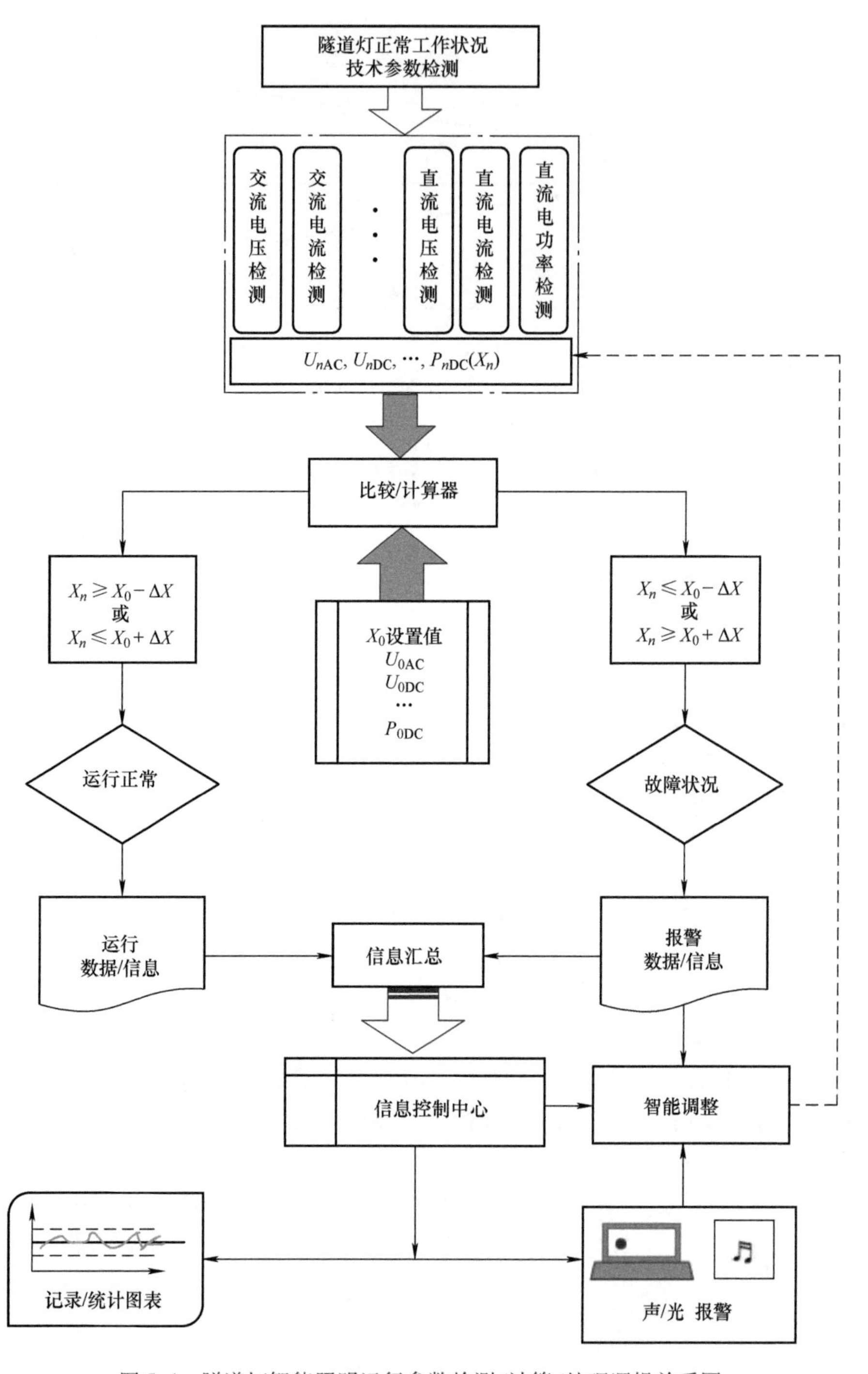

图 5-4 隧道灯智能照明运行参数检测/计算/处理逻辑关系图

第六章 自动驾驶汽车的智能控制

一、自动驾驶汽车智能控制的提出

1. 智能控制技术的高速发展

由于智能控制技术的高速发展，与之相应的传感技术及传感器的技术指标日益提高，完全可以胜任汽车自动驾驶的要求。又由于近年来电动汽车行业快速发展，为自动驾驶的电动汽车提供了技术要求支撑，使自动驾驶的电动汽车应运而生。自动驾驶技术涉及的环境感知传感器主要包括：①视觉类摄像机，单目、双目、立体视觉、全景视觉及红外等各种相机和摄像机的像素和清晰度不断提高，视觉摄像机电接口可快速进行信号的输入、输出；②雷达类测距传感器，包括激光雷达、毫米波雷达、超声波雷达等信息接收和发射系统的小型化，经济化。这一切技术进步条件，都为自动驾驶汽车提供了关键技术的系统支撑，使自动驾驶汽车得到快速发展。

2. 自动驾驶汽车的工作原理

汽车在驾驶过程中，可通过车载传感器接收外界驾驶环境的相关信息，将所探测到的道路、车辆位置和障碍物等信息输入车载计算机的 CPU 进行逻辑推理和运算，然后将其结果指令输出到执行机构，进而通过改变汽车的转向、改变等控制车辆运行，实现汽车在限定或非限定条件下，代替人类驾驶员，进行部分自动或全自动安全、可靠地驾驶。

可见，自动驾驶汽车是依靠人工智能、视觉计算、激光雷达、监控装置和全球定位系统协同合作，让计算机可以在没有人类主动的操作下，自动、安全地驾驶机动车辆，其主要由环境感知系统、定位导航系统、路径规划系统、速度控制系统、运动控制系统、中央处理单元、数据传输总线等硬件加上相应的软件组成。

3. 公路交通安全和环境保护

从另一个侧面来看，由于人们生活水平的逐渐提高，推动了我国汽车产业的迅猛发展。近几年我国的电动汽车的占有量日益提升，2023 年全国机动车保有量达4.35亿辆，其中汽车3.36亿辆。随着全国汽车拥有量的急剧增加，交通拥堵、交通事故发生率和人员伤亡数量也逐年攀升。因此自动驾驶汽车技术的研究与发展受到社会各界的广泛关注。从汽车的自动驾驶入手，给汽车驾驶注入安全可靠的自动驾驶技术已迫在眉睫。提高汽车的主动安全性和交通安全性已成为亟须解决的社会性问题，无疑安全稳定和绿色环保的汽车行驶成了交通安全的首选。

而近年来自动驾驶汽车成了科技领域内的热点，在给汽车行业带来巨大变革的同时，也为元器件设备厂商等带来了新的机遇。自动驾驶汽车、复杂的硬件系统、灵活多样且日趋完善的软件程序共同形成一体，并互相促进提高，从而有望带来自动驾驶汽车的高速发展。

二、自动驾驶汽车的原理及关键技术

自动驾驶汽车最核心的问题是汽车在自动驾驶过程中，如何实现环境感知和车辆控制是解决汽车行驶状况的判断和控制问题的理论依据。因此，车辆环境感知技术、车辆轨迹规划系统和车辆控制系统为自动驾驶汽车的三个关键技术。

一般情况下，自动驾驶汽车包含的传感器主要有五种类型。

1）照相机、摄像机：一般以组合形式进行远程和近程目标探测，多应用于距离特征感知和交通检测。

2）远程雷达：适用于信号能够透过雨、雾、灰尘等视线障碍物进行目标检测。

3）短程/中程雷达：适用于中近程目标检测，适用于侧面和后方避险。

4）激光雷达：多用于三维环境映射和目标检测或高档汽车的监测系统。

5）超声波：适用于近距离目标检测。

实现一个智能驾驶系统基本上有几个层级，即感知层、融合层、规划层和控制层，如图6-1所示。

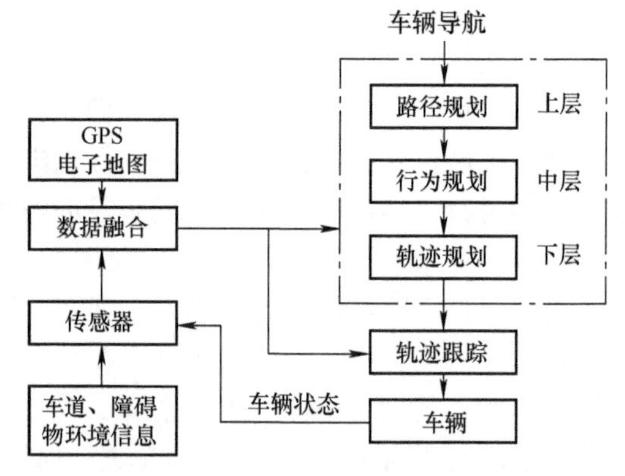

图6-1　自动驾驶汽车层级架构图

1. 感知层系统

（1）感知层概念　感知层是无人驾驶是否可以实现的先决条件。为了能让无人驾驶汽车系统以更高频率获取定位信息，就需要引入高频率的传感器。如惯性测量单元（Inertial Measurement Unit，IMU），GPS获得的经纬度信息作为输入信号传入IMU，IMU

再通过串口线与控制器相连，以此获得更高频率的定位结果。

由理论力学可知，所有运动都可以分解为一个直线运动和一个旋转运动，所以这一惯性测量单元就是测量这两种运动，即直线运动通过加速度计测量，旋转运动则通过陀螺测量。通常，一个 IMU 内包含有三个单轴加速度计和三个单轴陀螺，加速度计检测物体在载体坐标系统独立三轴的加速度信号；而陀螺检测载体相对于导航坐标系的角速度信号，测量物体在三维空间中的角速度和角加速度，并且以此计算出物体的姿态。所以，在导航中有很重要的应用价值。为了提高可靠性，还可以为每个坐标轴配置更多的传感器单元。一般在使用时将 IMU 安装在被测物体的重心上。

（2）车辆环境感知系统　车辆环境感知系统的实现依赖于车载雷达、视频摄影机、测距仪和全球定位系统。需要用这些工具对周围环境状况进行收集，再通过车联网等信息处理平台对收集到的环境信息进行快速、精确的分析，然后根据车辆轨迹规划系统的逻辑，利用自动控制系统实现对车辆的自动控制。

车载雷达主要包括激光雷达和毫米波雷达。

1）激光雷达。说到无人驾驶汽车，就不能离开激光雷达。这是一种可用于车辆探测目标空间位置的主动测量设备。主要应用于车辆的自适应巡航控制系统和自动紧急制动系统。其原理类似于声呐，只是声呐采用的传输载体是超声波，而激光雷达采用的传输载体是激光。激光雷达在无人驾驶汽车上不停地旋转，向四周发射激光束，通过激光被障碍物反射回的波，可以测量出汽车与障碍物之间的距离，并通过返回信号绘制出周围环境的 3D 模型。因为激光的传输速度远高于声波，所以无人驾驶汽车上用光波代替声波。其虽然具有抗干扰能力强，分辨率高等特点，但其高昂的造价制约了在市场使用中广泛推广的可能。

2）毫米波雷达。激光雷达在使用中遇到的最大挑战就是成本过高，单独一套激光雷达的价格基本上超过了一辆汽车的价格。所以为了尽快普及自动驾驶汽车的发展，同时要解决摄像机的测距、测速不够精确的问题，一般选择性价比更高的毫米波雷达作为测距、测速的传感器。毫米波雷达不仅成本适中，并且作为一种穿透能力极强的微波，具有抗干扰能力强，测距精度受天气和环境因素影响小，可探测远距离、质量轻、体积小的物体的优势，解决了激光雷达在沙尘天气所遇到的麻烦。一般毫米波雷达安装在汽车保险杠的正中间，面向汽车前进的方向，主要应用于自动汽车的防撞系统。

用以无人驾驶汽车的毫米波雷达主要有三个频段，分别为 24GHz、77GHz、79GHz。各个频段的毫米波雷达有着不同的作用。24GHz 频段雷达用于检测近距离的障碍物，实现 ADAS 功能有盲点检测、汽车变道辅助检测等；77GHz 频段和 79GHz 频段雷达最大检测距离可达 160m 以上，用以检测中距离和远距离的障碍物。在实际传感器配置中为了保证正确识别周围环境，需要安装好几层不同的感知系统，除了IMU、激光雷达、毫米波雷达外，还广泛地应用超声波雷达、摄像头、GPS等传感器。是否能准确地感知周围的障碍物（其他行驶汽车或行人）环境，是无人驾驶汽车能否成功行驶的先决条件。

汽车行驶从被动安全到主动安全，从驾驶员辅助驾驶到自动驾驶，汽车的行驶逐渐走向智能化；从部分自动到高度自动，直至完全自动，传感器在其中发挥着关键作用。

3）超声波传感器。超声波传感器是以超声波技术的原理开发的一种可测量速度、距离的传感器，具有数据处理快速、便捷的优点，但监测距离较短且精确度较低，因此主要应用于汽车的倒车雷达等对汽车附近障碍物、精度要求较低的传感器中。

2. 车辆轨迹规划系统

车辆轨迹规划系统及智能决策是实现汽车智能化的关键技术之一，而车辆轨迹规划系统是指当自动驾驶汽车接到任务指令时，依据环境感知系统处理后的环境信号以及先验地图信息，车辆会通过对自身位姿运动状态和具体行驶环境信息，在满足汽车行驶诸多约束的前提下，以某性能指标最优为目的，规划出车辆的运动轨迹。

一条好的路径性能指标最优的标准就是：避免障碍物、行人，并把车辆行驶代价（包括燃料消耗、时间花费、距离远近、装备损耗、资金费用等）最小化。运动的目标是找到一条路径并且沿着它行进。

3. 车辆控制系统

车辆控制系统一直是自动驾驶汽车相关技术中的难点和热点，是对车辆运行轨迹进行动态规划和控制的高度数字化集成的系统。其主要是要完成在环境感知系统处理后的环境信号条件下，车辆的纵向运动和横向转向的控制。车辆的纵向运动主要包括速度、加速度的控制，油门和制动系统的控制。目的是实现汽车自身与前方车辆和障碍物之间的距离控制功能。而横向转向的控制是对车辆运行方向的控制，目的是让车辆沿着预设置的路径行驶，故需要建立车辆的转向动力学模型或模拟驾驶员的换向操作模式。其控制系统的参数和环境依赖程度较高，否则，当行车环境发生较大变化时，车辆就不能及时根据周围行驶环境变化而对轨迹跟踪进行调整。

随着科学技术的不断更新迭代，自动驾驶汽车技术的研究也在不断深入和提高。特别是智能控制电动汽车的兴起，世界上对自动驾驶汽车的研究热度不断提升。自动驾驶汽车技术的实现，不仅明显地降低了交通事故发生的风险和交通事故死亡率，还能有效地解决环境污染和能源危机等社会问题。对于人类的健康和社会发展都具有十分重大的意义。

但是对于完整的、高效的自动驾驶汽车技术的研究，这是一个投资巨大、研发过程漫长的过程，真正实现自动驾驶汽车的完全自动驾驶还需要科技人员与企业家、金融界的通力合作，才能一步一步地得以实现。

三、自动驾驶汽车的控制功能分级

自动驾驶汽车的控制系统按照功能分成六个等级，即 L0 ~ L5，分别介绍如下：

（1）L0 级——完全没有自动驾驶能力级　属于 L0 级的汽车不设置自动控制系统。但可以结合汽车行驶环境信息，给予驾驶员某些危险预警信息和预警。例如，道路偏离预警、盲区监测预警、夜视辅助监测预警等，但是车辆所有的控制操作完全由驾驶人自主完成。

（2）L1 级——汽车带有一定的辅助驾驶功能级　即汽车载有的自动驾驶技术可以结合车辆接收的行驶环境信息，主动向驾驶人提供车辆行驶指令。此级别的车辆配置自适应巡航控制系统、自动紧急制动系统或车道保持系统中任何一种主动控制系统。

（3）L2 级——汽车实现部分自动驾驶功能级　车辆可根据适时的行驶环境信息代替驾驶人对车辆进行加速、制动或转向等多种辅助控制，进入此级别的汽车可同时具有纵向与侧向运动的控制能力，配备自适应巡航系统、自动紧急制动系统或车道保持系统等多种主动控制系统。

（4）L3 级——有条件自动驾驶功能级　处于此级别的汽车，可根据其行驶环境信息，实现有条件的车辆控制。

（5）L4 级——高度自动驾驶功能级　处于此级别的汽车，可根据其行驶环境信息，实现完全车辆控制。

（6）L5 级——完全自动驾驶功能级　顾名思义，处于此级别的车辆可以在所有道路与环境条件下自主完成所有车辆控制操作。驾驶人在全过程中不必保持接管车辆的能力。

四、自动驾驶汽车中传感器的配置与布局

1. 初期的配置与布局

目前来看，应用于自动驾驶汽车的传感器主要有图像传感器、激光雷达、毫米波雷达、超声波雷达以及生物传感器等。它们依据各自不同的产品属性，在自动驾驶汽车的行驶过程中实现不同的功能，以保证自动驾驶汽车的正常运行。

现在的汽车配备了大量的传感器系统，主要包括摄像头、雷达和超声波传感器，其中激光雷达开始受到关注。每个系统都以不同的方式执行设计职责，并且都具有各自的优势和不足的短板。例如，雷达在读取路标时毫无用处，而基于摄像头的视觉系统的功效在雾、雨夹雪和雪的条件下会显著降低。

在安全要求的推动下，过去几年的大多数自动驾驶汽车都配备了3个雷达传感器，以满足其基本要求，如图6-2所示。

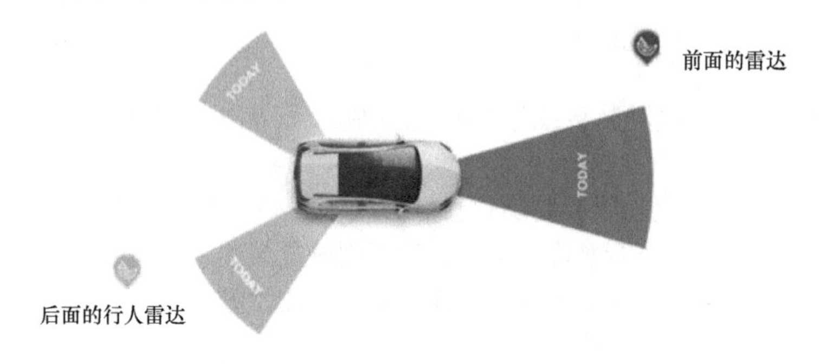

图6-2　3个雷达传感器系统示意图

2. 近期的配置与布局

到2025年可以期待看到汽车配备更多不同类型的传感器。就雷达而言，典型的中档汽车可能需要多达6个以上传感器（4个在角落，一个在前面，一个在后面）。相比之下，高档汽车可能配备9个或更多雷达传感器，以提供360°的监控覆盖范围，如图6-3所示。

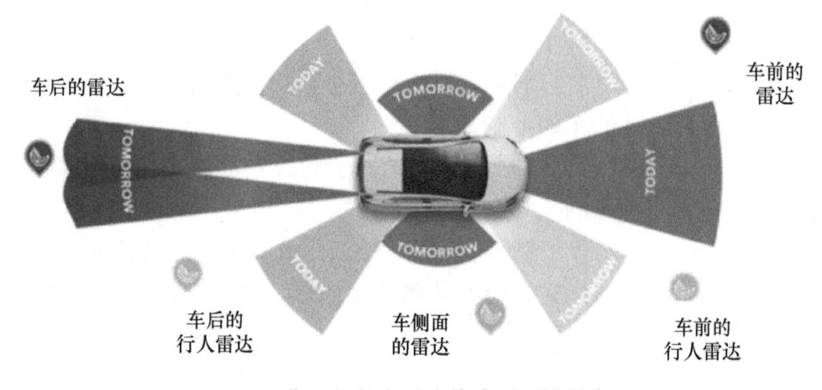

图6-3　典型的9个雷达传感器系统示意图

一种可能性是越来越多的车辆在交付时满载传感器，无论客户是否需要它们。关键是并非所有这些传感器都会从一开始就启用，但随着时间的推移它们可能会被激活。这将是原始设备制造商进行的前期投资，期望他们能够在未来销售附加特性、功能和服务。

除了搭载更多雷达传感器的汽车外，这些传感器还需要具有更大的监测范围。例如，今天的前向雷达传感器通常具有200m的范围，但很快就会增加到300m或更远。同样，今天的角雷达传感器通常具有70m的范围，但这将增加到140m或更远。而且同一方向均会设置远视雷达传感器和近视雷达传感器。

3. 典型的雷达配置与布局

除了传感器数量增加，这些传感器还将具有更大的监测范围，以及提供更高的分辨率。这一要求最初是在前雷达传感器的背景下开始提出的，但现在已扩展到角落传感器和其他传感器，如图 6-4 所示。

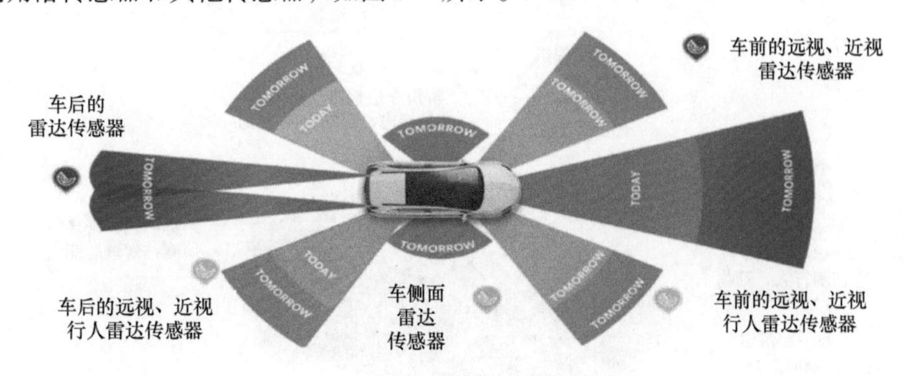

图 6-4　理想的多雷达传感器系统示意图

其侧面雷达应该有四个灰色区域重叠以提供 360°的监控覆盖范围，这意味着能够在存在较大物体的情况下检测和区分较小的物体。例如，站在汽车旁边的行人或摩托车骑手在一辆卡车旁边行驶均可准确地测试，并清晰地在控制显示版面显示出来，且具备一定的报警信号（电信号、光信号、声音提示）提示自动驾驶系统。

4. 具有立体感知的雷达配置与布局

更好的雷达传感器解锁了一系列可能性，包括弱目标/VRU 识别和分离（左上）以及先进的 4D 仰角和多模式传感（中下），所有这些都必须产生 360°全覆盖（右上）的立体雷达感知配置与布局，如图 6-5 所示。

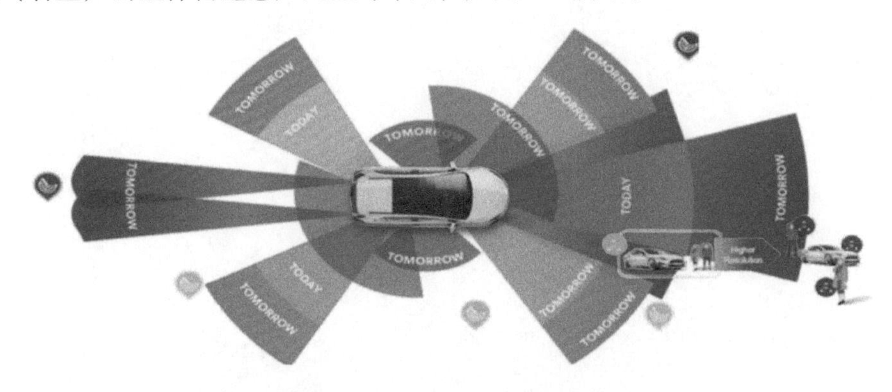

图 6-5　具有水平和垂直立体传感雷达系统示意图

除了水平方向的扫描，还需要具备垂直方向的扫描能力，才能确定物体的高度。此外，所需的分辨率取决于范围和操作模式。在300m范围内，能够将物体的高度解析到10cm以内可能是必要的。但例如，在行驶道路过于颠簸或进入有盖停车场时，有必要实现1～2cm的分辨率。

自动驾驶汽车所安装的成像设备布局示意图如图6-6所示。

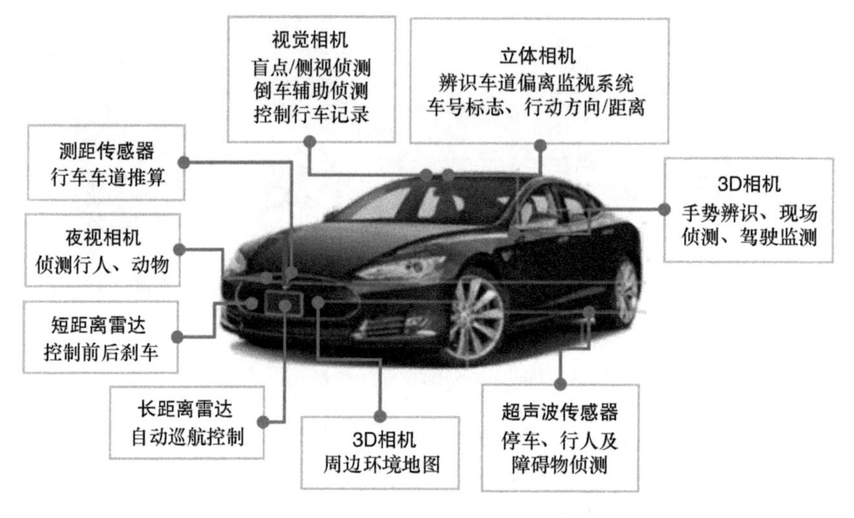

图6-6　自动驾驶汽车成像设备布局示意图

第七章 人脸识别技术在智能控制领域的应用

第一节　人脸识别技术概述

一、人脸识别的概念

人脸识别是基于人的面部特征信息进行身份识别的一种生物识别技术。使用摄像头或者摄像机采集含有人脸的图像或视频，自动检测图像信息和跟踪人脸，对检测到的人脸进行识别的一系列相关分析技术。

人脸检测需从复杂的背景当中提取我们感兴趣的人脸图像。脸部毛发、化妆品、光照、噪声点、人脸倾斜、大小变化及各种局部遮挡等因素都会导致人脸检测问题变得更为复杂。人脸识别技术的主要目的在于在输入的整幅图像上寻找特定人脸区域，从而为后续的人脸识别做准备。

1. 定义

人脸识别是指判断输入的图像或者视频中是否存在人脸；如果存在人脸，则进一步给出每张人脸的位置、大小和各个主要面部器官的位置信息。并且依据这些信息，进一步提取每张人脸蕴含的身份特征，并将其与已知人脸库中的相应人脸进行对比，从而识别每张人脸的身份。其人脸识别过程示意图如图 7-1 所示。

2. 人脸识别的技术与特征

（1）人脸识别的技术

1）基于特征的人脸检测技术：通过采用颜色、轮廓、纹理、结构或者直方图特征等进行人脸检测。

2）基于模板匹配人脸检测技术：从数据库中提取人脸模板，接着采取一定模板匹配策略，使抓取人脸图像与从模板库提取图片相匹配，由相关性的高低和所匹配的模板大小确定人脸大小以及位置信息。

3）基于统计的人脸检测技术：通过对于“人脸”和“非人脸”的图像大量搜集构成的人脸正、负样本库，采用统计方法强化训练该系统，从而实现对人脸

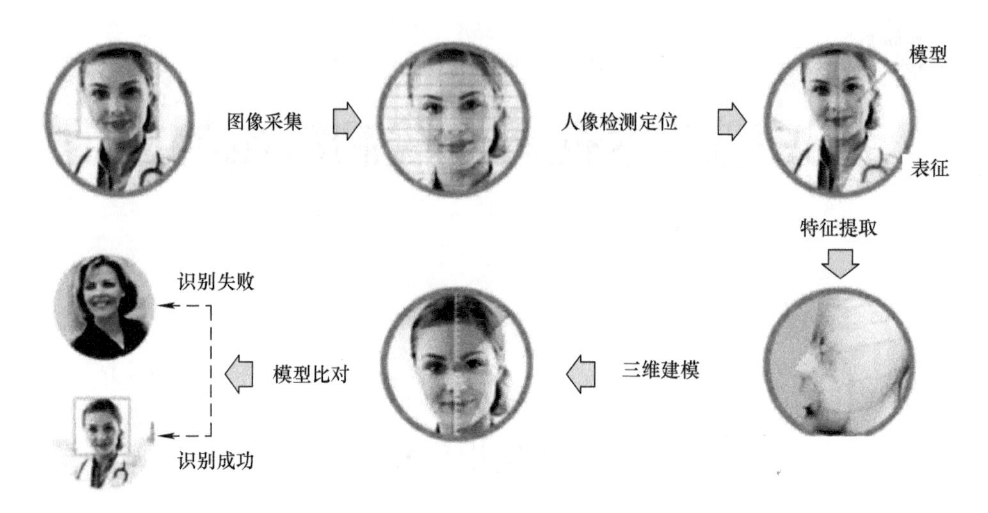

图 7-1　人脸识别过程示意图

和非人脸的模式进行检测和分类。

（2）人脸识别的特征　人脸的特征检测技术示意图如图 7-2 所示。

1）几何特征：从面部点之间的距离和比例作为特征，识别速度快，内存要求比较小，对于光照敏感度降低。

2）基于模型特征：根据不同特征状态所具有的概率不同而提取人脸图像特征。

3）基于统计特征：将人脸图像视为随机向量，并用统计方法辨别不同人脸的特征模式，比较典型的有特征脸、独立成分分析、奇异值分解等。

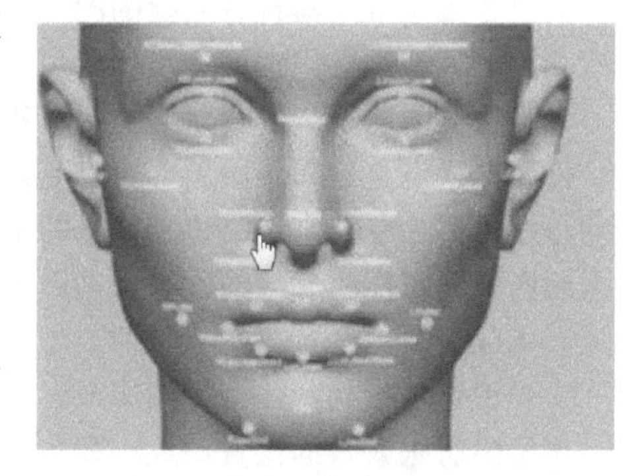

图 7-2　人脸的特征检测技术示意图

4）基于神经网络特征：利用大量神经单元对人脸图像特征进行联想存储和记忆，根据不同神经单元状态的概率实现对人脸图像的准确识别。

人脸识别是根据所提取的人脸图像特征采用相关识别算法进行人脸确认或辨别，即将已检测到的待识别人脸与数据库中已知人脸进行比较匹配，得出相关信息，该过程的关键是选择适当的人脸表征方式与匹配策略，系统的构造与人脸的表征方式密切相关。一般根据所提特征而选择不同识别算法进行度量，常用的算法包括距离度量、支持向量机、神经网络、k 均值聚类等。人脸神经网络特征示意图如图 7-3 所示。

3. 人脸识别的核心技术

传统的人脸识别技术主要是基于可见光图像的人脸识别，这也是人们熟悉的识别方式，已有 30 多年的研发历史。但这种方式有着难以克服的缺陷，尤其在环境光照发生变化时，识别效果会急剧下降，无法满足实际系统的需要。解决光照问题的方案有三维图像人脸识别和热成像人脸识别，但这两种技术还远不成熟，识别效果不尽如人意。

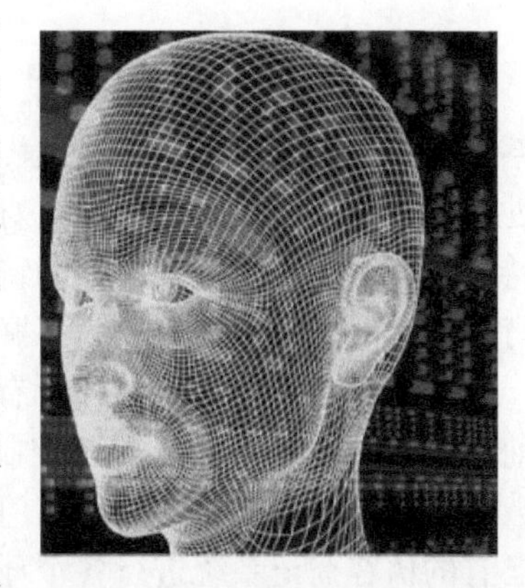

图 7-3　人脸神经网络特征示意图

迅速发展起来的另一种解决方案是基于主动近红外图像的多光源人脸识别技术，它可以克服光线变化的影响，已经取得了卓越的识别性能，在准确度、稳定性和速度方面的整体系统性能超过了三维图像人脸识别。这项技术在近两三年发展迅速，使人脸识别技术逐渐走向实用化。

人脸与人体的其他生物特征（指纹、虹膜等）一样与生俱来，它的唯一性和不易被复制的良好特性为身份鉴别提供了必要的前提，与其他类型的生物识别相比，人脸识别具有以下特点：

1）非强制性：用户不需要专门配合人脸采集设备，几乎可以在无意识的状态下就可获取人脸图像，这样的取样方式没有强制性。

2）非接触性：用户不需要和设备直接接触就能获取人脸图像。

3）并发性：在实际应用场景下可以进行多个人脸的分拣、判断及识别。

除此之外，还符合视觉“以貌识人”的特性，以及操作简单、结果直观、隐蔽性好等特点。

二、人脸识别的分类

人脸识别系统分为主动人脸识别系统和被动人脸识别系统。

1. 主动人脸识别

也称为配合式人脸识别，基本应用诸如身份证、读卡器等的匹配应用。在现场应用时，将获取的头像照片与身份证上的头像照片进行比对，判断是否为同一个人，也称为 1:1 的人脸主动认证，现在的应用场景多为酒店、人脸识别考勤系统、网吧等。基本是基于 1:N 的算法，在主板上嵌入 1:N 的人脸识别算法，然后进行模板的录入，安装后就可以进行人脸识别。或者在企业、工作场所，输出相对应的工号或者姓名等操作，也等同于人脸识别。

由于人脸识别系统内存以及算法所限，在有限的操作系统（基本都是 Linux）下能够存储的人脸模板有限，现在大部分厂家可以做到 500 人的模板，也有厂家做到 1000 甚至 5000 人的模板量。这样也就有了广域网的人脸考勤应用，如图 7-4 所示。

2. 被动人脸识别

也称为非配合式人脸识别，就是人经过人脸识别系统后即可识别人的状态，系统采用可见光人脸识别技术，配合高清网络摄像机，诸如在安检通道（门）处使用。通过高清网络摄像机对通道内的待安检人员进行非配合式中远距离人脸特征信息采集，并把采集到的特征信息与后台服务器里面预先配置好的人脸库进行快速比对。如识别对象为可疑人员，则系统会自动报警，提示工作人员。

此外，该系统还能储存所有进入通道人员的人脸照片，以便事后追查。目前，该系统已经应用于需要控制人员进入的安检系统，显著提升了安全保障系数。现在全国推广的智能小区门禁系统即为这种方案，这款方案也可以配合客户已有的访客登记系统进行各个环节的互联互通，其示意图如图 7-5 所示。

图 7-4　主动人脸识别示意图

图 7-5　被动人脸识别示意图

研究设计被动人脸识别系统以达到实际应用中所需智能安全控制等级的要求。随着人们对个人信息保护意识的增强，特别是稽查犯罪嫌疑人时，对于犯罪嫌疑人的刻意伪装，被动检测系统体现出其较优越的使用价值。系统采用结构化设计的方式及分系统的设计指标及相互之间的联系给出定量分析，该结构在类似的智能控制系统中具有较强的通用性。

三、人脸识别技术的发展历史

人脸识别技术的研究起源于 19 世纪末，其发展大致分成三个阶段。

第一阶段：以面部特征为主要研究对象。

第二阶段：称为人机交互式识别阶段，分为采用几何特征参数来表示人脸正面图像和以统计识别为基础的方法。

第三阶段：被称为真正的自动识别阶段，人脸识别技术进入实用阶段。

20 世纪 80 年代后，随着计算机技术和光学成像技术的发展，人脸识别技术得到提高，而真正进入初级的应用阶段则在 20 世纪 90 年代后期，并且以美国、德国和日本的技术实现为主。人脸识别系统成功的关键在于是否拥有尖端的核心算法，并使识别结果具有实用化的识别率和识别速度。人脸识别系统集成了专家控制系统、机器学习、人工智能、机器识别、模型理论、视频图像处理等多种现代化技术，同时需结合中间值处理的理论与实现，是生物特征识别的最新应用，其核心技术的实现，展现了弱人工智能向强人工智能的转化。

我国在人脸自动识别技术方面也发展迅速。2014 年 3 月，香港中文大学信息工程系主任、中国科学院深圳先进技术研究院副院长汤晓鸥带领的团队发布的研究成果，即基于原创的人脸识别算法，准确率可达到 98.52%，首次超越人眼识别能力（97.53%）。人脸识别研究示意图如图 7-6 所示。

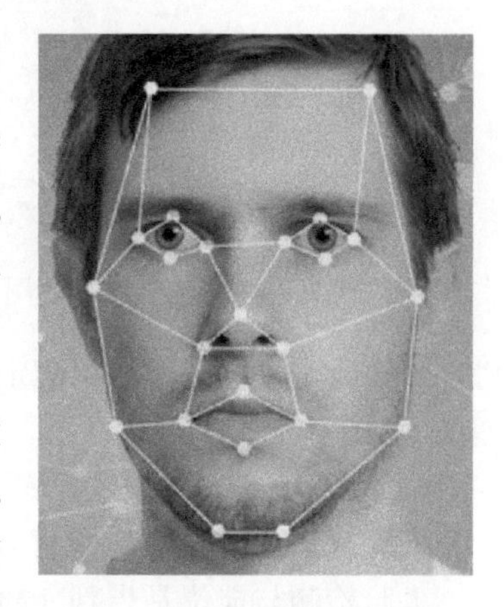

图 7-6　人脸识别研究示意图

2021 年 7 月 28 日最高人民法院召开新闻发布会，发布《最高人民法院关于审理使用人脸识别技术处理个人信息相关民事案件适用法律若干问题的规定》，从法律上规范了人脸识别技术的使用范畴。

第二节　人脸识别技术的流程和算法

一、人脸识别技术的流程

人脸识别技术属于生物识别技术的一种，它结合了图像处理、计算机图形学、模式识别、可视化技术、人体生理学、认知科学、心理学和智能控制技术等多个研究领域。人脸识别系统主要包括五个组成部分，分别为人脸图像采集、人脸的检测与定位、人脸图像预处理、人脸图像特征提取以及匹配与识别，如图 7-7所示。

1. 人脸图像采集

人脸图像采集：不同的人脸图像能通过摄像镜头采集下来，比如静态图像、动态图像、不同的位置、不同表情等方面都可以得到很好的采集。当用户在采集设备的拍摄范围内时，采集设备会自动搜索并拍摄用户的人脸图像。

某些采集处于可以控制拍摄条件的场合，如警察拍摄罪犯照片，可将人脸限定在标尺内，这种人脸定位很简单，又如证件照拍摄背景简单，定位也比较容易。在另一些情况下，人脸在图像中的位置预先是未知的，例如，在复杂的背景环境中拍摄照片，人脸的拍摄将受到人脸在图像中的位置、角度及人物姿态的随

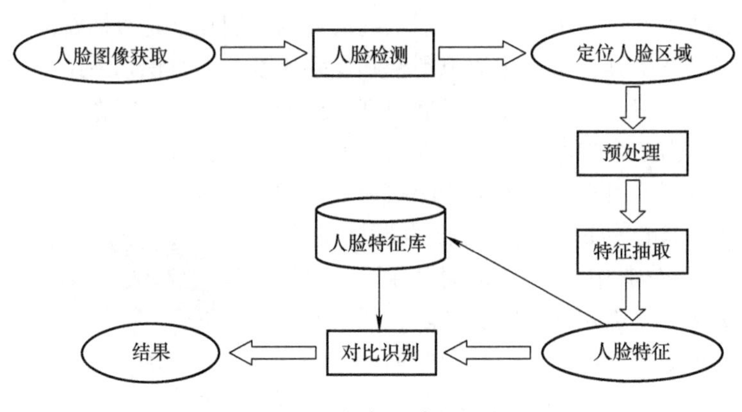

图 7-7 人脸识别流程图

机性，图像中人脸区域的不固定尺度，光照微弱或不稳定的影响，这些都会导致图像采集不甚理想。

2. 人脸检测与定位

人脸自动识别系统包括两个主要技术环节，即人脸检测与定位和特征提取。

人脸检测与定位是指判断检测图像中是否有人脸图像，若有图像则将其从背景中分割出来，并确定其在图像中的位置；若没有图像则为图像采集失败，需要重新进行图像采集。

在复杂的背景环境中拍摄照片，检测与定位同样受到环境因素的影响。轮廓和肤色是人脸的重要信息，且具有相对的稳定性，并能与大多数背景物体的颜色相区分。因此可以针对色彩图片，利用肤色特征进行快速的人脸检测。

特征检测方法的基本思想是：首先建立并利用肤色模型检测出肤色像素，然后根据肤色像素在色度上的相似性和空间上的相关性分割出可能的人脸区域，最后利用其他特征进行验证。

人脸检测在实际中主要用于人脸识别的预处理，即在图像中准确标定出人脸的位置、大小、模式特征，如直方图特征、颜色特征、模板特征、结构特征及 Haar 特征等。人脸检测就是把这其中有用的信息挑选出来，并利用这些特征实现人脸识别。

主流的人脸检测方法是基于以上特征，采用 Adaboost 学习算法，它将一些比较弱的分类方法合并在一起，组合出新的比较强的分类方法。

人脸检测过程中使用 Adaboost 算法挑选出一些最能代表人脸的矩形特征（弱分类器），按照加权投票的方式将弱分类器构造为一个强分类器，再将训练得到的若干强分类器串联组成一个级联结构的层叠分类器，从而有效地提高分类器的检测速度。

在人脸判断中，由于眼睛在人脸中的相对位置固定，而且与周围面部区域灰度差别较大，所以在各个人脸候选区域中，指定眼睛可能存在的位置范围，并且在该范围内用一系列阈值进行二值化处理，看能否搜索到代表瞳孔所在位置的两个黑色区域。若找到则判断为人脸，再进行相对位置比较确定的唇部检测，因为唇部一般位于人脸的下部三分之一处，所以人脸位置初步确定后，可在下三分之一位置搜索唇形，使用方法是排除红色法，此技术也称作基于眼唇定位技术。

3. 人脸图像预处理

对于人脸的图像预处理是基于人脸检测结果，对图像进行处理并最终服务于特征提取的过程。系统获取的原始图像由于受到各种条件的限制和随机干扰，往往不能直接使用，必须在图像处理的早期阶段对它进行灰度校正、噪声过滤等图像预处理。对人脸图像而言，其预处理过程主要包括人脸图像的光线补偿、灰度变换、直方图均衡化、归一化、几何校正、滤波以及锐化等，主要方法如下所述。

（1）图像去噪　一般说来，自然界中的噪声可以看成是一种随机信号。根据图像获取的途径不同，噪声的融入也有以下多种方式：

1）图像是直接以数字形式获取的，则图像数据的获取机制会不可避免地引入噪声信号；

2）在图像采集过程中，物体和采集装置的相对运动或采集装置的抖动，也会引起噪声，使图像变得模糊不清；

3）在图像数据的电子信息传输过程中，也会不同程度地引入噪声信号。

这些噪声信号的存在，严重时会直接导致整幅图像不清晰，图像中的景物和背景的混乱也将不可避免地造成人脸图像识别率的下降。消除噪声的方法比较多，对于不同性质的噪声应该采取不同的消噪方法。一般情况下可以通过空间域滤波和频率域滤波两个途径来解决，在方法上主要有线性滤波、中值滤波、维纳滤波及小波去噪等。

（2）增强对比度　为了使人脸在图像中更为突出，以便提取人脸的特征，增强图像对比度是必要的手段。增强对比度的常见方法有 S 形变换方法和直方图均衡化等。

1）S 形变换方法是将灰度值处于某一范围，即人脸特征范围内的像素灰度分布差距拉开，从而保证对比度的提高，此方法也会导致其他灰度值的对比度降低。

2）直方图均衡化则是将像素的灰度分布尽量展开在所有可能的灰度取值上，而使得图像的对比度得到提高。

将彩色图像转化为灰度图像是人脸识别方法中常见的处理过程，虽然转化过程丢失了一部分彩色信息，但是灰度图像占用的储存空间更小且计算速度更快。

例如，一种将 RGB 色彩转换成灰度级，且适合于突出人脸区域对比度的转换数学模型如下：

$$f(x,y)=0.299r+0.587g+0.144b+0.5$$

式中，f 表示灰度值；r，g，b 分别表示 RGB 的分量值。

另一方案则是通过将人脸彩色图像从 RGB 彩色空间转换到 RIQ 色彩空间，得到更适合于频谱分析的特征分量，如图 7-8 所示。

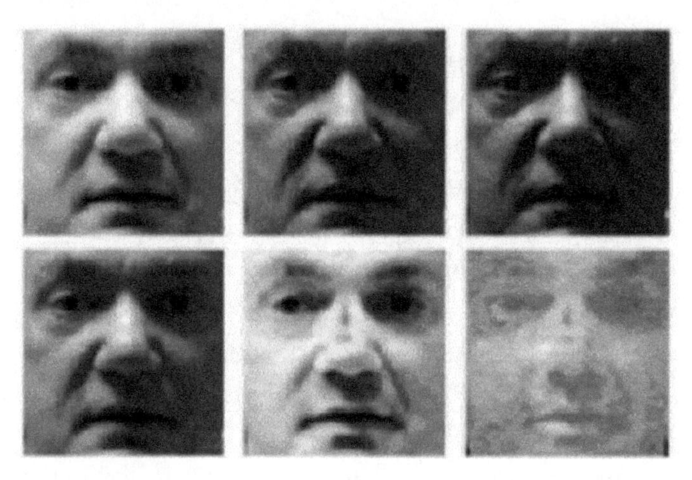

图 7-8　将人脸彩色图像从 RGB 彩色空间转换到 RIQ 色彩空间示意图

4. 人脸图像特征提取

特征提取之前一般需要进行几何归一化和灰度归一化的工作。几何归一化是指根据人脸定位的结果将图像中的人脸区域调整到同一位置和大小；灰度归一化是指对图像进行光照补偿等处理，以克服光照变化的影响。

人脸特征是识别的重要依据之一，是人脸识别中的核心步骤，直接影响识别准确度。由于人脸是多维弹性体，易受到表情、光照等因素的影响，故特征提取的任务就是针对这些干扰因素，提取出具有稳定性、有效性的信息用于人脸识别。在提取的人脸特征中，统计特征和灰度特征是在人脸定位和特征提取过程中常用到的两类特征。

（1）统计特征　统计特征即用统计的方法对目标对象的特征建模，如肤色、光照变化、脸部形态结构、人脸的个别特征（如颧骨、鼻子、眼睛、下颌等）进行整合，并将这些信息统计捋顺，形成有效的人像识别依据，使之成为能够利用的视频资料信息。

虽然人脸肤色不依赖于细节特征，且和大多数背景色相区别，但肤色的确定对光照和图像采集设备特征较为敏感。所以该方法通常作为其他统计模型的辅助方法使用，适用于较粗定位或对运行时间有较高要求的应用。

对于人脸的识别大多数是对个别特征进行识别与检验，如何将视频中肢解的脸部特征信息，通过对图像中的人脸特征进行测量和总结，计算出特征常见概率，将该概率推广至视频中的人脸特征分析，为视频人脸识别提供参考信息。

（2）灰度特征　灰度特征包括轮廓特征、灰度分布特征，即直方图特征或镶嵌图特征、结构特征、模板特征等。由于人脸五官的位置相对固定，灰度分布呈现一定的规律性，因此可利用灰度特征来进行人脸识别。通常采用统计的方法或特征空间变换的方法进行灰度特征的提取，例如，利用 K－L 变换[㊀]得到特征脸，利用小波变换得到小波特征等。

图 7-9 所示为使用人脸灰度图像的水平和垂直方向的像素灰度均值来描述人脸特征。通过分别对灰度图像各行和各列中的像素灰度值进行求和，获得水平方向与垂直方向的灰度平均值轮廓，以此来描述人脸特征。

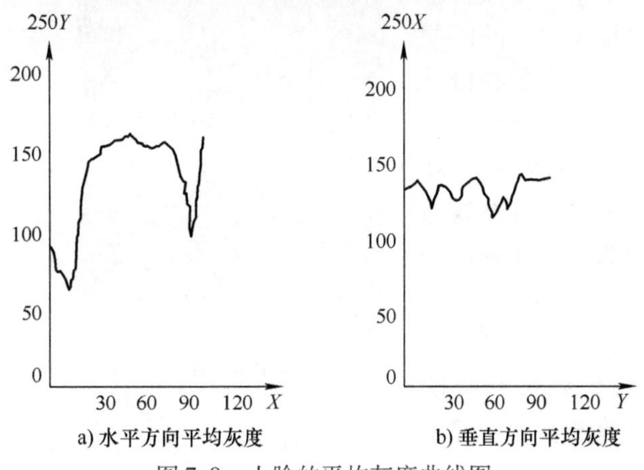

图 7-9　人脸的平均灰度曲线图

可使用傅里叶变换得到人脸图像的频域信息，通过选取适当的遮盖模板，提取其中的频谱信息来描述人脸特征。如图 7-10 所示，实验证明该方法对于光照和表情、姿态的变化具有一定的容忍力。

也可使用小波变换的方法在小波域通过多分辨率分析，克服了光照和面部表情对人脸识别的影响，获得了较好的识别效果。原始图像与小波变换后的低频图像示意图如图 7-11 所示。

5. 人脸图像匹配与识别

提取出待识别的人脸特征之后，即可进行特征匹配。通过设定一个阈值，当相似度超过这一阈值时，将匹配的结果输出。这一过程是一对多或一对一的匹配

㊀ K－L 变换（Karhunen－Loeve Transform）是建立在统计特性基础上的一种变换，也称为霍特林（Hotelling）变换，由霍特林在 1933 年最先给出将离散信号变换成一串不相关系数的方法。其突出优点是相关性好，是均方误差（MSE，Mean Square Error）意义下的最佳变换，它在数据压缩技术中占有重要地位。

a) 初始图像

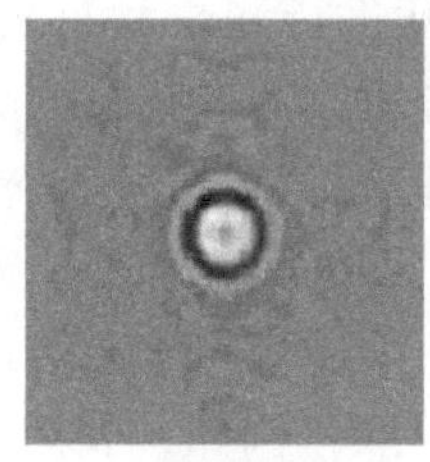
b) 幅度的逆变换

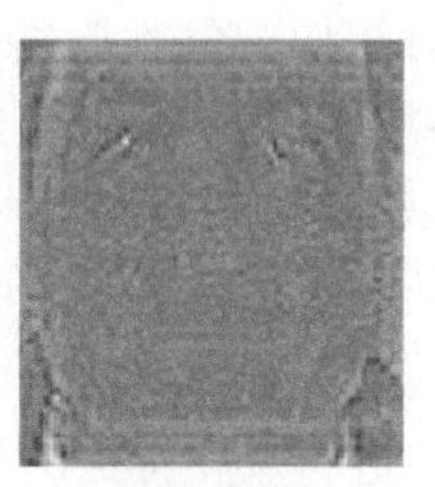
c) 相位的逆变换

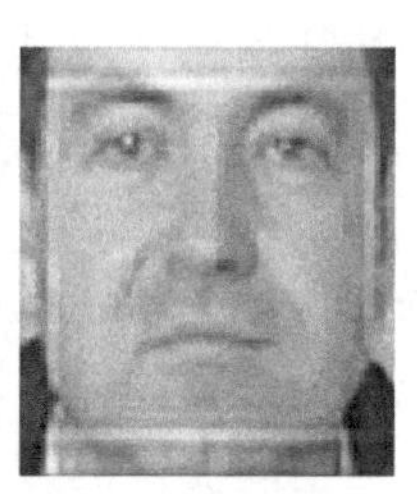
d) 分数阶的逆变换

图 7-10 分数阶傅里叶变换及逆变换

过程，一对多的匹配是确定输入图像为图像库中的哪一个人，即进行人脸辨认；而一对一的匹配则是验证输入图像的人的身份是否属实，即进行人脸确认。

a) 原始图像

b) 小波变换后的低频图像

图 7-11 原始图像与小波变换后的低频图像

根据人脸识别的背景、环境、人脸的姿态表情、静态或动态等因素又可分为以下几种识别条件。

（1）基于简单背景的人脸识别　这是人脸识别的初级阶段，通常利用人脸器官的局部特征来描述人脸，但是由于人脸器官没有显著的边缘，且易受到表情的影响，因此，它仅限于正面人脸变形很小时的识别。

（2）基于多姿态、多表情的人脸识别　这是人脸识别的发展阶段。探索能够在一定程度上适应的姿态和表情变化的识别方法，以满足人脸识别技术在实际应用中的客观需求。

（3）动态跟踪人脸识别　这是人脸识别研究的实用化阶段，通过采集视频系列来获得比静态图像更为丰富的信息，达到较好的识别效果，同时适应更广阔的应用需求。

（4）三维人脸识别　为了获得更多的特征信息，直接利用二维图像合成三维人脸模型进行识别，即将成为人脸识别技术领域的主要研究方向。

二、人脸识别技术的算法

一般来说，系统输入是一张或者一系列含有未确定身份的人脸图像，以及人脸数据库中的若干已知身份的人脸图像或者相应的编码，而其输出则是一系列相似度得分，表明待识别人脸的身份。

1. 识别算法分类

1）基于人脸特征点的识别算法（Feature - based recognition algorithms）。

2）基于整幅人脸图像的识别算法（Appearance - based recognition algorithms）。

3）基于模板的识别算法（Template - based recognition algorithms）。

4）利用神经网络进行识别的算法（Recognition algorithms using neural network）。

2. 基于光照估计模型理论

提出了基于 Gamma 灰度矫正的光照预处理方法，并且在光照估计模型的基础上，进行相应的光照补偿和光照平衡策略。

优化的形变统计校正理论，它是基于统计形变的校正理论，优化人脸姿态；强化迭代理论，它是对 DLFA 人脸检测算法的有效扩展；独创的实时特征识别理论，该理论侧重于人脸实时数据的中间值处理，从而可以在识别速率和识别效能之间，达到最佳的匹配效果。

3. 识别数据

人脸识别需要积累采集到的大量人脸图像相关的数据，用来验证算法，还要不断提高识别准确性，这些数据诸如神经网络人脸识别数据、orl 人脸数据库、麻省理工学院生物和计算学习中心人脸识别数据库、埃塞克斯大学计算机与电子工程学院人脸识别数据等。

4. 配合程度

现有的人脸识别系统在用户配合、采集条件比较理想的情况下可以取得令人满意的结果。但是，在用户不配合、采集条件不理想的情况下，现有系统的识别率将陡然下降。比如，人脸对比时，与系统中储存的人脸有出入，例如剃了胡子、换了发型、戴了眼镜、变了表情都有可能引起比对失败。

5. 优势与困难

（1）优势　人脸识别的优势在于其自然性和不被被测个体察觉的特点。

所谓自然性，是指该识别方式同人类（甚至其他生物）进行个体识别时所利用的生物特征相同。例如人脸识别，人类也是通过观察比较人脸区分和确认身份的，另外具有自然性的识别还有语音识别、体形识别等，而指纹识别、虹膜识别等都不具有自然性，因为人类或者其他生物并不通过此类生物特征区分个体。

不被察觉的特点对于一种识别方法也很重要，这会使该识别方法不令人反感，并且因为不容易引起人的注意而不容易被欺骗。人脸识别具有这方面的特点，它完全利用可见光获取人脸图像信息，而不同于指纹识别或者虹膜识别，需要利用电子压力传感器采集指纹，或者利用红外线采集虹膜图像，这些特殊的采集方式很容易被人察觉，从而更有可能被伪装欺骗。

（2）困难 人脸识别被认为是生物特征识别领域，甚至人工智能领域最困难的研究课题之一。人脸识别的困难主要是人脸作为生物特征的特点所带来的。

1）相似性。不同个体之间的区别不大，所有人脸的结构都相似，甚至人脸器官的结构外形都很相似。这样的特点对于利用人脸进行定位是有利的，但是对于利用人脸区分人类个体是不利的，如图7-12所示。

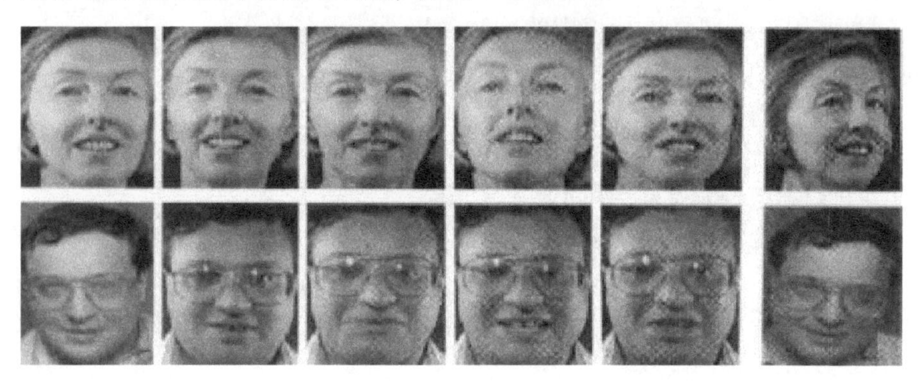

图7-12 人脸的相似性

2）易变性。人脸的外形很不稳定，人可以通过脸部的变化产生很多表情，而在不同观察角度，人脸的视觉图像也相差很大，另外，人脸识别还受光照条件，例如白天和夜晚、室内和室外等，人脸的很多遮盖物，例如口罩、墨镜、头发、胡须等多方面因素的影响。

在人脸识别中，第一类的变化是应该放大而作为区分个体的标准的，而第二类的变化应该消除，因为它们可以代表同一个个体，如图7-13所示。通常称第一类变化为类间变化（inter－class difference），而称第二类变化为类内变化（intra－class difference）。对于人脸，类内变化往往大于类间变化，从而使在受类内变化干扰的情况下，利用类间变化区分个体变得异常困难。

图7-13 人脸的易变性

三、常用的人脸识别方法

人脸识别的技术与方法一般分为基于几何特征的方法、基于模型的方法、基于统计的方法和基于神经网络的方法。

1. 基于几何特征的方法

对基于几何特征方法而言，首先检测出眼耳口鼻等脸部主要器官的位置和大小，然后通过分析这些器官的总体几何分布关系以及相互之间的参数比例来识别人脸。最早的基于几何特征的方法由 Bleclsoe 提出，该方法将几何特征定义为面部特征点之间的距离和比例，通过最近邻方法来识别人脸，但必须手动定位面部特征点，因此属于半自动系统。侧影识别是另一个基于几何特征的人脸识别方法，其原理是通过提取人脸侧影轮廓线上的特征点，将侧影转化为轮廓曲线，提取其中的基准点，然后识别这些点之间的几何特征。

基于几何特征的方法非常直观，能快速识别人脸，只需要较少内存，光照对特征的提取影响不大，缺点是当人脸变化时，特征的提取不精确，并且由于对图像细节信息的忽略，导致识别率较低，因此近年来少有发展。

2. 基于模型的方法

基于模板的方法也叫作基于表象的方法，是利用模板与整个人脸图像的像素值之间的自相关性进行人脸的识别。

隐马尔可夫模型（Hidden Markov Model，HMM）是一种常用的模型，基于 HMM 的方法被 Nefian 和 Hayes 引入到人脸识别领域，它是一组统计模型，用于描述信号统计特性。Cootes 等人提出主动形状模型（Active Shape Model，ASM），对形状和局部灰度表象建模，定位新图像中易变的物体。Lanitis 等人用该方法解释人脸图像，其原理是使用 ASM 找出人脸的形状，然后对人脸进行切割并归一到统一的框架，通过亮度模型解释和识别与形状无关的人脸。

主动表象模型（Active Appearance Model，AAM）通常被看作是 ASM 的一种扩展，一般作为通用的非线性图像编码模式，通用的人脸模型经变形处理后与输入图像进行匹配，并将控制参数作为分类的特征向量。

3. 基于统计的方法

基于统计的方法将人脸图像视为随机向量，采用一些统计方法对人脸进行特征分析，这类方法有较为完善的统计学理论的支持，因此发展较好，研究人员也提出了一些比较成功的统计算法。

特征脸方法由 Turk 和 Pentland 提出，该方法中人脸由各个特征脸扩展的空间表示，虽然人脸信息可以有效地表示，但不能对其进行有效鉴别和区分。为取得更好的人脸识别效果，研究者又提出使用其他的线性空间来代替特征脸空间。Moghaddam 等人提出了贝叶斯人脸识别方法，用基于概率的方法来度量图像相似度，将人脸图像之间的差异分为类间差异和类内差异，其中类间差异表示不同对象之间的本质差异，类内差异为同一对象的不同图像之间的差异，而实际人脸图像之间的差异为两者之和。如果类内差异大于类间差异，则认为两人脸图像属于同一对象的可能性大。

奇异值分解（Singular Value Decomposition，SVD）作为一种有效的代数特征提取方法，奇异值特征具有多种重要性质，如镜像变换不变性、位移不变性、旋转不变性以及良好的稳定性等，因此人脸识别领域也引入了奇异值分解技术。

4. 基于神经网络的方法

神经网络用于人脸识别领域也有较长的历史，Kohoncn 最早将自组织映射（Self - Organizing Map，SOM）神经网络应用于人脸识别，即使当输入人脸图像有部分丢失或者具有较大噪声干扰时，也能完整地恢复出人脸。人脸识别中最具影响的神经网络方法是动态链接结构（Dynamic Link Architecture，DLA），对网络中语法关系的表达是该方法最突出的特点。

用于人脸识别的神经网络还有时滞神经网络（Time Delay Neural Net - works，TDNN），这是 MLP 的一种变形，径向基函数网络（Radial Basis Function Network，RBFN）以及能有效地实现低分辨率人脸的联想与识别的 Hopfield 网络等。

与其他人脸识别方法相比，神经网络方法具有特有的优势，人脸图像的规则和特征的隐性表示可通过对神经网络的训练获得，避免了特征抽取的复杂性，有利于硬件的实现，缺点是可解释性较弱，要求训练集中有多张人脸图像，因此只适用于小型人脸库。人工智能应用在人脸识别和模式识别方面能够提高运行效率、减少计算量，且程序的代码编写更为简洁。

第三节　智能控制理论在人脸识别中的应用

人脸识别与智能控制存在密切的关系，人脸识别技术作为一种高效的身份识别手段，可以为智能控制系统提供准确的人员身份信息。在门禁系统中，通过人脸识别确认人员身份，从而实现自动开门、限制进入区域等智能控制功能，以提高安全性和便利性。在智能家居领域，人脸识别可以识别家庭成员，进而根据不同人的偏好和习惯，自动调整灯光、温度、音响等设备的设置，实现个性化的智能控制。在工业自动化场景中，人脸识别可以用于员工考勤和权限管理，进而控制设备的操作权限，保障生产安全和提高生产效率。

总之，人脸识别为智能控制提供了关键的身份识别数据，使得智能控制系统能够更加精准、智能地做出决策和执行相应的控制操作，提升了智能化程度和用户体验。

人工智能作为一门多种学科互相渗透而发展起来的交叉学科，在各方面都有着应用。人脸识别通过知识表示、知识推理、模糊逻辑、神经网络、专家控制、遗传算法和群集智能等人工智能方法达到识别人物脸部特征的目的，进而对其进行判定。本节将总结介绍基于几何特征、基于模型、基于统计以及基于神经网络等具体识别方法。

一、智能控制理论及其在人脸识别中的应用

人脸识别技术在面部检测、面部对齐、特征提取、特征匹配、模式识别、活体检测和3D人脸识别等流程中，主要依赖于一系列智能控制技术，这些控制技术通常会被结合使用，以确保和提高人脸识别系统的准确性、安全性和性能。人脸识别系统智能控制结构如图7-14所示。

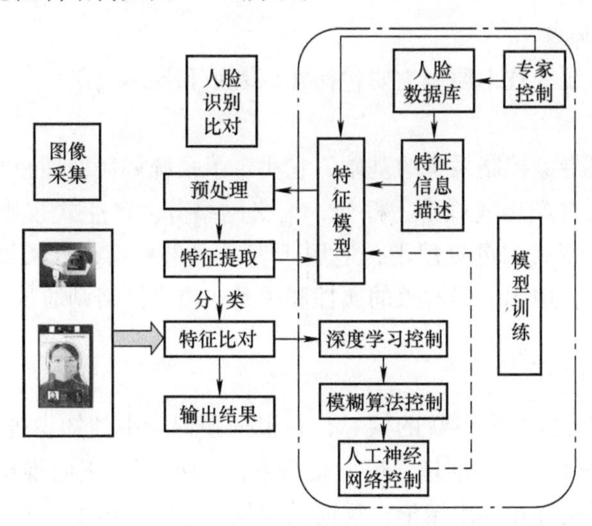

图7-14　人脸识别系统智能控制结构示意图

二、专家控制系统在人脸识别中的应用

专家控制系统在人脸识别技术中的应用具有重要意义。首先，专家控制系统能够通过对大量人脸图像数据的分析和学习，提取出关键的特征信息，如面部轮廓、五官分布、肤色等，从而提高人脸识别的准确性和可靠性。其次，它可以优化识别算法和模型，使其能够适应不同的光照条件、姿态变化和表情变化，增强系统的鲁棒性。再者，专家控制系统能够对识别过程中的异常情况进行监测和处理，例如图像质量不佳、遮挡等问题，提高系统的容错能力。

在实际应用中，专家控制系统在安防监控、门禁系统、金融支付等领域发挥着关键作用，有效保障了个人信息安全和社会秩序。从图7-14可以看出，专家控制系统贯穿于人脸数据库的建立和特征模型（包括收集信息的预处理和特征提取）之中。

（一）概述

专家控制系统是一种模拟人类专家解决专业领域问题的智能计算机程序系统。它基于大量的专业领域知识，通过逻辑推理、规则匹配等方法，为用户提供

专业级的决策支持。专家控制系统主要由知识库、推理机、解释器、用户界面等部分组成。

知识库是专家控制系统的核心，它储存了专业领域的大量知识，包括事实、规则、模型等。推理机是根据知识库中的知识进行推理和决策的关键部件。解释器用于解释推理过程，增强系统的透明度和可信度。用户界面则提供了用户与专家控制系统交互的接口。

（二）技术原理

专家控制系统的技术原理主要包括知识表示和推理机制。

1. 知识表示

知识表示是专家控制系统的基础，它决定了系统如何处理和储存知识。常见的知识表示方法有产生式规则、框架、语义网络等。产生式规则是一种“如果……那么……”形式的逻辑规则，适用于表示因果关系；框架则是一种结构化的知识表示方法，用于描述对象的属性和关系；语义网络则通过节点和链接表示概念之间的关系。

2. 推理机制

推理机制是专家控制系统的核心，它根据知识库中的知识进行推理和决策。常见的推理方法包括正向推理、反向推理和混合推理。正向推理从已知事实出发，通过应用规则逐步推出结论；反向推理从目标结论出发，逆向搜索所需的条件和事实；混合推理则是结合了正向推理和反向推理的方法。

三、强化学习控制在人脸识别中的应用

人脸识别技术在当今社会中扮演着重要的角色，已被广泛地应用于安全监控、身份认证、社交媒体等领域。

然而，由于人脸图像的复杂性和多变性，传统的人脸识别算法和技术在面对复杂的场景和变化的环境时，往往表现得力不从心。近年来，为了提高人脸识别系统的性能，人们将智能控制方法强化学习控制引入该领域，取得了一系列重要进展。

1. 个体特征提取与表示学习

个体特征提取是人脸识别系统中关键的环节之一。传统方法主要依赖于手工设计特征提取算法，这种方法需要大量的专业知识和经验，虽然引入了专家控制方法，但也难以完美地得到解决。并且对于不同场景和环境缺乏广泛性能力。为了解决这一问题，人们开始采用强化学习控制方法来学习众多的个体特征的表示方法。构建一个强化学习系统，该系统可以根据反馈信号来自动调整特征提取器的参数，从而自动提高了人脸识别系统的识别性能。

2. 动态人脸识别与追踪

传统的人脸识别系统通常是基于静态图像进行识别的，而在实际应用中，人脸图像往往都是动态变化的。为了解决动态人脸识别问题，人们开始采用强化学习控制来实现动态追踪和识别。通过建立一个强化学习模型，系统可以根据当前状态和环境来决策下一步应该采取的行动，并根据反馈信号进行调整与优化。

3. 多模态信息融合

传统的人脸识别系统通常只采用了单一模态，对信息进行特征提取和匹配对比。然而，在实际应用中，多模态信息，如声音、姿态、角度等可以提供更多有价值的信息，以便提高人脸识别系统的性能。为了利用多模态信息进行人脸识别，人们开始利用强化学习控制以实现多模态信息的融合。通过构建一个强化学习模型，系统可以根据不同模态信息的权重来自动调整人脸特征提取器的参数，从而提高人脸识别系统的性能。

4. 强化学习控制的研究现状

（1）在个体特征提取中的应用　近年来，研究人员提出了一系列基于强化学习控制的个体特征提取方法。例如，有一种基于深度强化学习控制的方法，通过构建一个深度神经网络来自动学习个体的特征表示。该方法通过不断地调整网络控制参数，并根据反馈信号进行自我优化，可以在不同场景和环境下实现更准确和鲁棒性的人脸识别。

（2）在动态人脸识别与追踪系统中的应用　针对动态人脸识别和追踪技术问题，研究人员提出了一系列基于强化学习控制的方法。例如，一种基于深度Q网络㊀（DQN）和卷积神经网络（CNN）相结合的方法可以实现实时、准确地追踪和识别移动目标。该方法通过训练一个深度Q网络来决策下一步的行动，并根据反馈信号进行调整和优化，可以在复杂的动态场景中实现高效的人脸识别和追踪。

（3）在多模态信息融合中的应用　多模态信息融合是人脸识别领域中一个重要的研究方向，研究人员研究了一系列基于强化学习控制的多模态信息融合方法。例如，一种基于深度强化学习控制和注意力机制相结合的方法可以实现多模态信息的自适应权重调整。该方法通过构建一个深度强化学习模型，并结合注意力机制来自动调整不同模态信息的权重，从而提高人脸识别系统在复杂场景中的性能。

5. 面临的挑战

虽然强化学习控制在人脸识别系统中取得了一系列重要进展，但还是面临一

㊀ Q网络，其价值函数近似于 $Q_{\Phi}(s, a) \approx Q^{\pi}(s, a)$。

式中，s，a 分别为状态 s 和动作 a 的向量表示；函数 $Q_{\Phi}(s, a)$ 是一个参数为 Φ 的函数，例如神经网络，其输出为一实数，为Q网络。

系列的挑战。

（1）数据不平衡和标注困难　由于数据采集和标注过程中存在一定的困难，例如数据不平衡和标注错误等问题，因此会导致训练数据的质量和数量不足，给强化学习控制模型的训练和优化带来一定的困难，限制了人脸识别系统的性能。

（2）模型鲁棒性和泛化能力　强化学习控制模型在不同场景和环境下的鲁棒性和泛化能力仍然有待提升。由于人脸图像的复杂性和多变性，强化学习控制模型往往难以适应不同场景下的变化，导致识别准确率下降。

（3）隐私与安全性问题　人脸识别技术在应用中涉及大量的个人隐私信息，如何保护个人隐私成为一个必须解决的重要问题。强化学习控制模型在训练过程中还可能会涉及大量的敏感信息，如何保护这些信息也成为一项重要的挑战。

6. 发展方向

为了进一步提高人脸识别系统的性能，未来研究可以从以下几个方面展开。

（1）数据增强与标注优化　针对数据不平衡和标注困难，未来研究可采用数据增强技术来扩充训练数据，并结合监督学习和迁移学习等方法来优化标注过程，提高数据的质量和数量。

（2）模型优化与鲁棒性提升　为了提高强化学习控制模型的鲁棒性和泛化能力，可采用模型优化办法，改进模型的结构和算法，并结合迁移学习和领域自适应等方法来适应不同场景和环境。

（3）注重隐私与安全保护　为了保护个人隐私，可采用差分隐私技术来保护训练数据的隐私信息，并结合安全多方计算等方法来保护强化学习控制模型的安全性。

总之，通过强化学习控制技术，可以提高人脸识别技术系统在个体特征提取、动态追踪、多模态信息融合等方面的性能，已经成为人脸识别技术中不可或缺的方法之一。然而，强化学习控制系统在人脸识别技术系统应用中仍然面临着诸如数据不平衡、标注困难、模型鲁棒性、隐私与安全保护方面的发展不足等问题。需要在实际应用中进一步研究与发展，使之发挥更加广阔的作用。

四、模糊算法控制在人脸识别中的应用

1. 现状

智能人脸识别技术是一种基于人脸生物特征的技术，通过将人脸图像与数据库中已知的人脸数据进行对比来确定其身份，被广泛地应用于如门禁系统、公共交通系统、人脸支付系统等。

2. 挑战性问题

由于光线暗淡、外物局部遮挡、角度不正等外界因素对人脸识别性能的影响，使之性能下降，利用模糊算法逐渐成为一种有效的解决方案。

3. 解决方法

可采用更加智能化的算法来提高人脸识别性能。

模糊算法控制是采用数学处理方法，对相对模糊的问题进行预测和控制，从而实现智能化的决策。对于模糊不确定性问题用数学处理，在人脸识别技术中有着广泛地应用，特别是对于公共场所不确定地进行人脸扫描，如超市、旅游景点、公共交通等场所，其应用优势更加明显。

在智能人脸识别技术中，模糊算法主要应用于图像的处理、图像的分类。首先可以通过模糊化技术对图像进行处理，使之更加适合人脸识别；其次模糊算法可以通过模糊神经网络进行人脸特征提取和分类，从而提高识别性能。具体地说，模糊算法可以通过对图像的灰度值进行模糊化处理，使其变得平滑和连续，从而消除由于光线暗淡和局部遮挡等因素所造成的噪声和不连续性，从而提高图像的质量。同时，模糊算法还可以通过自适应模糊神经网络控制对人脸图像进行特征提取，如人眼和口唇的分布、形状和色调等的提取，以及对图像进行分类，如对人的头部基本轮廓进行男女、脸型的基本分类，从而提高识别的准确性和鲁棒性。

4. 实现模糊控制的步骤

（1）定义模糊数　一般称为模糊性质，如轻、重、中等力度等，主要是对当前属性的实际取值给出一个性质判断。定义模糊数一般分为两个步骤：

1）首先根据应用场景，确定性质数，例如，为了控制人脸各部位的距离，可以定义，即远、近、很远、很近、正常。原则上不必定义得太多，否则规则难以起到作用，但也不宜定义得太少，否则控制准确度会变差，然后写出规则，视控制效果，再进行优化。

2）根据所定义的性质数将该变量的取值范围划分给对应的性质，然后用折线法给出该性质的隶属度函数。

例如，定义了五个距离变量的性质，即远、近、很远、很近、正常。然后测得距离的范围为［0，6］，那么先初步定义各性质的隶属度：

很近：(0，0)、(1，1)、(2，0) 这三个点所组成的折线为很近的隶属度函数；

近：(1，0)、(2，1)、(3，0) 这三个点所组成的折线为近的隶属度函数；

正常：(2，0)、(3，1)、(4，0) 这三个点所组成的折线为正常的隶属度函数；

远：(3，0)、(4，1)、(5，0) 这三个点所组成的折线为远的隶属度函数；

很远：(4，0)、(5，1)、(6，0) 这三个点所组成的折线为很远的隶属度函数。

根据以上设定的点，可以画出一个坐标系，然后标出各点及连线，就可以理解模糊性质的隶属度的定义方法了㊀，其折线图如图 7-15 所示。

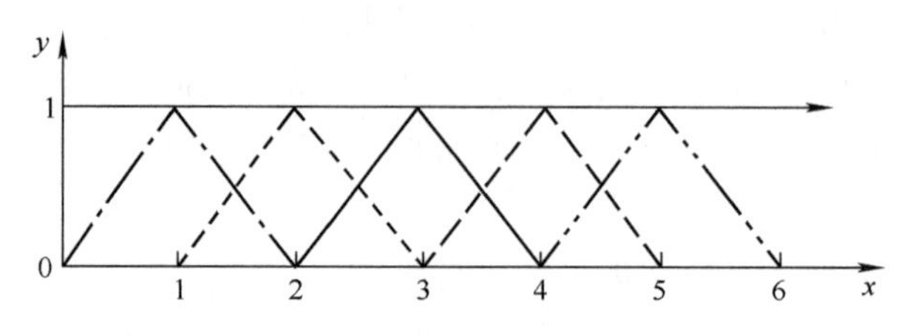

图 7-15 模糊性质的隶属度的定义折线图

使用折线法定义隶属度有以下三个原则：

1）所有性质的取值范围叠加后必须覆盖整个测量空间，不能有空洞，即某值无法确定其性质。

2）性质的隶属度必须覆盖［0，1］，即每个性质必须有三个取值范围，即明确不属于本性质的取值范围（隶属度为 0）、明确属于本性质的取值范围（隶属度为 1）、可能属于本性质的取值范围（隶属度介于 0 和 1 之间）。

3）各性质在语义上不应有逻辑冲突，即如果出现某取值，是明确的很近同时还是明确的远，那么肯定就是定义错误了，在推理时就可能无法命中任何一条规则。

（2）定义模糊变量　如远近、大小、方向、速度、力量等，一般由两个以上的模糊性质组成，也就是通常所说的模糊集。

（3）定义模糊规则　如果方位是非常左，则方向是右，且速度是快，意为当拍摄到的人脸偏左很厉害时，拍摄小车应快速向右方行驶。

（4）采集或测量某信号的当前值　如第（3）条规则，就是判定小车上的摄像头所观察到的某人脸相对屏幕中心点在水平方向上的方位。在必要时，如定时轮或关键信号量采集后，对需要使用到的控制量执行推理，再用推理得到的控制量进行控制㊁。

可见，模糊变量的定义比较简单，只要定义好了模糊性质，然后给模糊变量指定其由哪几个性质组成即可。

5. 应用模糊算法的优缺点

（1）优点　模糊算法可以处理模糊问题和不确定性因素，使之变得更加智能化；可以在复杂的环境条件下进行人脸识别，提高识别性能；另外模糊算法具有较好的鲁棒性，对噪声和不完整的人脸也能进行有效地处理。

㊀ 这个隶属度是初步的试算，是在很少经验的情况下的主观设定，等进行实验或工作后，随着经验的增多，根据测试结果来逐渐增加、调整组成折线的点，逐步确定隶属度函数的定义就可以逐步规范。

㊁ 模糊推理一般都是使用浮点数进行计算，而一般采集到的信号与控制信号都是数字量，所以需要根据应用场景进行数据转换，这不属于本领域相关的内容，此处不予讨论。

（2）缺点　模糊算法的计算量较大，在实时处理时需要较高计算性能的设备进行处理；其次，模糊算法的效果主要取决于算法参数的设置，因此需要一定的专业知识和经验才能获得较好的效果。所以，在要求较高的人脸识别技术系统中，采用模糊算法技术控制系统，一般都与专家控制、强化学习控制和人工神经网络控制等智能控制方法结合使用，以获得满意的识别效果。

综上所述，模糊算法在人脸识别技术系统中的应用具有很大的潜力。通过对智能算法在人脸识别方面的研究和发展，可以提高识别性能，进一步推广智能安防技术的发展。尽管模糊算法的应用还存在一些要求较高、尚待完善的不足，但是，随着计算机技术的不断进步和算法的优化，模糊控制方法将有更为广阔的应用前景。

五、神经网络控制在人脸识别中的应用

神经网络是利用大量简单处理单元，即神经元互连构成的复杂系统来解决识别问题的。它在正面人脸识别中取得了较好的效果。常用的神经网络有反向传播（BP）网络、自组织网络、卷积网络、径向基函数网络和模糊神经网络。

BP 网络是运算量相对较小、耗时较短的网络，其自适应功能有助于增强系统的鲁棒性。

神经网络在人脸识别技术上具有独特的优势，通过强制学习控制，获得其他方法难以获得的关于人脸识别规律和规则的隐性表达，但其运算量大、训练时间长、收敛速度慢。人工神经网络由于其固有的并行运算机制以及对模式的分布式全局储存，故可用于模式识别，而且不受模式形变的影响。用于人脸识别的神经网络方法可用于具有较强的噪声和部分缺损的图像，这种非线性方法有时比线性方法更有效。

1. 隐马尔可夫模型方法

利用隐马尔可夫模型（Hidden Markov Model，HMM）方法将人脸图像按照某种顺序分为若干块，对各块进行K－L变换，选取若干变换系数作为规则向量训练 HMM。HMM 有三个主要问题，即评估、估计及解码。其中，评估用于解决识别问题；估计用来产生用于识别的各个单元的 HMM。Samaria 首先将一维隐马尔可夫模型（1D－HMM）用于人脸识别，并且对不同状态数模型的识别性能进行了详细比较和分析。根据人脸由上至下各特征区具有自然不变的顺序。可用 1D－HMM 表示人脸、脸上的特征区被指定为状态，即从上到下为人脸图像进行一维连续 HMM 建模，其示意图如图 7-16 所示。

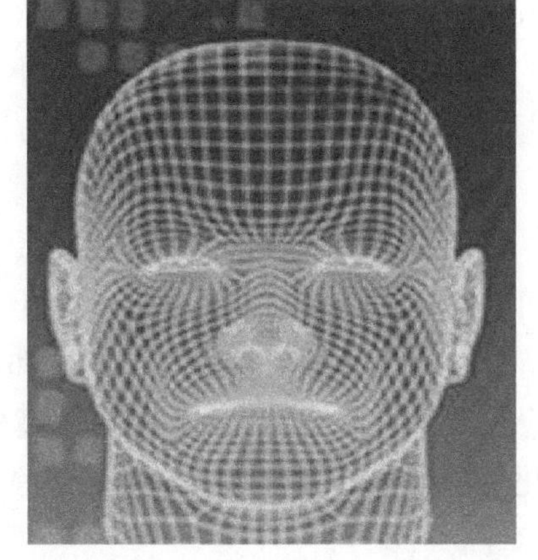

图 7-16　隐马尔可夫模型方法示意图

伪二维码隐马尔可夫模型（P2D - HMM）是 1D - HMM 的一种扩展。P2D - HMM 利用了图像的二维特征，不但能表现人脸垂直方向的空间结构，还能表现水平方向从左至右的空间结构，更适合于人脸图像识别。当然，P2D - HMM 的结构复杂，运算量也很大。

2. 弹性图匹配技术

弹性图匹配技术（Elastic Graph Matching，EGM）是一种基于动态连接结构的方法。该方法在二维空间中为人脸建立属性拓扑图，将拓扑图放置在人脸上，每一个节点包含一个特征向量，其记录了人脸在该顶点附近的分布信息，节点间的拓扑连接关系采用几何距离来标记，从而构成二维拓扑图的人脸描述。

利用该方法进行人脸识别时，可以同时考虑节点特征向量匹配和相对几何位置匹配。在待识别的人脸图像上扫描拓扑图结构，并提取相应节点特征向量，将不同位置的拓扑图和人脸库中人脸模式的拓扑图之间的距离作为相似度量。此外，可以用一个能量函数来评价待识别的人脸图像向量场和人脸库中已知人脸向量场间的匹配度，即最小能量函数时的匹配。该方法对于光照、姿态变化等具有较好的适应性。但其关键问题是计算量较大，必须对每个储存的人脸计算其模型图，需占用很大的储存空间。

3. 支持向量机方法

近年来，支持向量机（Support Vector Machine，SVM）方法是统计模式人脸识别领域的一个新的热点，它试图使学习机在经验风险和泛化能力上达到一种协调，从而提高学习机的性能。支持向量机需要解决的主要问题是二分类问题，它的基本思想是将一个低维的线性不可分的问题转化为一个高维的线性可分的问题。实验结果表明，支持向量机方法有较好的识别度。

4. 基于视频序列的方法

相对于单个静止图像，视频系列能够提供更多的信息。如同一人的大量图像可供使用；可以根据运动变化估计 3D 人脸结构；可用于补偿光照、姿态、表情等变化；视频系列的时间连续性和识别对象身份的一致性，为人脸识别提供信息；可以从低分辨率图像恢复出高分辨率图像；可以通过眼球的运动，姿态的变化等进行身份识别，以防止基于静态图像的欺骗性等，这类方法具有更好的鲁棒性。

现在所采取的超分辨率视频技术，可对人脸进行检测及跟踪，在视频系列中通过提取连续的多帧图像，经过图像重建，可得到解析度高于输入视频系列图像的单幅高解析度复原图像。这种方法有助于克服视频人脸识别在实际应用中视频图像质量较差的问题。

5. 基于三维的方法

将人脸当作平面图像来看待就是二维识别问题，将人脸用立体图像来表示就是三维识别问题。

三维人脸识别的研究始于计算机动画和生物医学成像。采用三维识别技术与传统方法最大的区别在于人脸的信息可以更好地表现和储存，同时由于三维人脸模型具备光照的无关性和姿态的无关性的特点，能够正确反映人脸的基本特征。而且人脸主要的三维拓扑结构不受表情的影响，从而形成相对稳定的人脸特征表述。因此基于三维人脸模型的识别方法可以很好地解决目前人脸识别领域的研究难点。

三维人脸识别方法主要有基于图像特征的方法和基于模型可变参数的方法。

基于图像特征的方法实现的过程类似于人脸重建的方法。首先匹配人脸整体尺寸轮廓和三维空间方向；然后在保持姿态固定的情况下，做脸部不同特征点的局部匹配。也可以用一个精确的透视模型估计姿态参数，同时利用一个稀疏特征集合去插值和提炼其余的脸部结构。

基于模型可变参数的方法是将通用人脸模型的 3D 变形和基于距离映射的矩阵迭代最小值相结合，用来恢复头部姿态和 3D 人脸。随着模型形变的关联关系的改变，不断更新姿态参数，重复此过程直到最小化尺度达到要求。

基于模型可变参数的方法和基于图像特征的方法的最大区别在于：基于图像特征的方法在人脸姿态每变化一次后，需要重新搜索特征点的坐标，而基于模型可变参数的方法只需要调整 3D 变形模型的参数即可。

目前三维人脸识别算法还处于研究实验阶段，其主要面临的困难如下：

1）信息来源方面的困难。用于 3D 识别的完整信息难以获取，或者用于 3D 识别信息往往是不完整的，由此造成了识别算法自身不可纠正的错误。

2）海量信息存储和计算量庞大。由于 3D 识别的数据容量和计算量十分巨大，给储存和计算带来困难，也对计算机的硬件提出了更高的要求。

3）研究者对人的生理特性认识不足。对于生物生理学和生物心理学等相关学科的认知水平制约了计算机算法的完整实现。例如，对于人体肌肉的运动理论和表情的形成机理问题，尚不能提供给计算机足够的专家控制的支持。

4）受到环境和条件的约束。影响二维识别的不利因素在三维识别上同样存在。例如，光线、方向、遮挡、阴影和背景的随机性。

总之，人脸图像受到诸多因素的影响，这些因素的变化都会导致人脸图像的明显差异，目前尚没有有效的、理想的人脸识别算法能够完全解决这些因素的影响。很多识别算法还只能停留在对光照条件和姿态变化等有限变化的因素进行约束化简。

为了消除外界因素对识别效果的影响，通常的做法就是固定背景环境和扩大样本空间。收集各种条件下的样本，识别判断时考虑测试图像与各种条件下样本的差异，然后进行综合分类。例如，对于光照影响的克服方法，是通过使用不同的采集源，如热红外（IR）图像，以实现在暗光环境下的人脸识别，或用来削弱不同角度光照对人脸图像的影响。对于姿态的影响，则利用弹性图匹配的方法，跟踪面部关键特征点的变化，估计姿态参数，或使用3D变形模型来匹配面部表情的变化。

特别是当多种因素混合在一起时，目前只有采用弹性图匹配方法、特征脸方法和3D人脸建模等方法，为解决实际问题行之有效的方法。要完全解决复杂环境下的人脸识别技术领域，还需要识别领域的专家和人体生理学专家进一步地合作努力深入研究，才能得到更加满意的效果。

第四节　人脸识别技术的主要应用领域及发展前景

一、人脸识别技术的主要用途

人脸识别主要用于身份识别，由于视频监控正在快速普及，众多的视频监控应用迫切需要一种远距离、用户非配合状态下的快速身份识别技术，以求远距离快速确认人员身份，实现智能预警，人脸识别技术无疑是最佳的选择。采用快速人脸检测技术可以从监控视频图像中实时查找人脸，并与人脸数据库进行实时比对，从而实现快速身份识别。

人脸具有一定的不变性和唯一性，人脸识别是人类在进行身份确认时使用最为普遍的一种方式，其次人脸图像还能提供一个人的性别、年龄、种族等有关信息。人类在人脸识别中所表现出来的能力是令人惊异的。

（一）人脸识别主要用于身份识别

生物识别技术已广泛用于政府、军队、银行、社会福利保障、电子商务、安全防务等领域。例如，一位客户走进了银行，他既没带银行卡，也没有输入密码就径直提款，当他在提款机上提款时，一台摄像机扫描该用户的眼睛，然后迅速而准确地完成了用户身份鉴定，业务办理完成。这是美国某银行的一个营业部中发生的一个真实的画面，而该营业部所使用的正是现代生物识别技术中的虹膜识别系统。此外，自美国“9.11”事件后，反恐怖活动已成为各国政府的共识，加强机场等大型公共场所的安全防务十分重要。而人脸图像识别技术在一些机场开始大显神通，它能在拥挤的人群中挑出某一张面孔，判断他是不是需要控制的某人。

鉴于防盗等原因，具有人脸识别的防盗门开始走进千家万户，给家庭带来安宁。随着社会的发展，技术的进步，生活节奏的加速，消费水平的提高，人们对于家居的期望也越来越高，对便捷的要求也越来越迫切，基于传统的纯机械设计的防盗门，除了坚固耐用外，很难快速满足一些新兴的需求。人脸识别技术在这些新兴需求方面得到了广泛的认同，但其应用中仍然存在技术门槛高（开发周期长）和价格昂贵的问题。所以目前人脸识别产品还只能应用于金融、司法、军队、公安、边检、政府、航天、电力、工厂、教育、医疗及众多企事业单位等领域。随着技术的进一步成熟和社会认同度的提高，人脸识别技术将应用在更多的领域。

人脸识别技术中的关键便是获取人脸的设备，通常为数码相机和数码摄像机。

1. 人脸自动对焦和笑脸快门技术

人脸识别技术首先是面部捕捉，它根据人的头部位置进行判定，首先确定头部，然后判断眼睛和嘴巴等面部特征，通过特征库的比对，确认是人的面部，完成面部捕捉。然后以人脸为焦点进行自动对焦，可以大幅度提升拍出照片的清晰度。笑脸快门技术就是在人脸识别的基础上，完成了面部捕捉，然后开始判断嘴的上弯程度和眼的下弯程度，来判断是不是笑了。以上所有的捕捉和比较都是在对比特征库的情况下完成的，所以特征库是基础，人脸特征库中具有各种典型的面部和笑脸特征数据。

2. 身份辨识

电子护照及身份证的人脸及人脸库是全世界最大规模的应用。国际民航组织的 188 个会员国必须使用机读护照，人脸识别技术是首推识别模式，该规定已经成为国际标准。至 2006 年底民航组织会员国基本上实现并完成了这样的系统，可在机场、体育场、超级市场等公共场所对人群进行监视。例如，在机场安装监视系统以防止恐怖分子登机；在银行的自动提款机采用人脸识别监控系统，以防止用户卡片和密码被盗而被他人冒取现金等。

（二）人脸识别门禁系统

受安全保护的地区可以通过人脸识别系统辨识试图进入者的身份。人脸识别系统可用于企业、住宅安全和管理，如人脸识别门禁考勤系统、人脸识别防盗门等。

人脸识别门禁是基于人脸识别技术，结合成熟的 ID 卡和指纹识别技术而推出的安全实用的门禁智能控制系统。一般而言，系统采用分体式设计，人脸、指纹和 ID 卡信息的采集和生物信息识别及门禁控制内外分离，具有高实用性、高安全可靠的性能。系统采用网络信息加密传输，支持远程控制和管理，可广泛应用于银行、军队、公检法部门、智能楼宇等重点区域的门禁安全控制，其应用范围已广泛地推广至如下领域。

1. 安保领域

人脸识别技术在安保领域中具有广泛的应用，如在机场、火车站等人员较多且较复杂的场合，用于识别普通乘客和在通缉的恐怖分子或被抓捕人员，此外在如银行、重要机关等机构中，人脸识别技术被应用于身份认证，以确保公共场合的安全。

2. 医疗领域

人脸识别技术在医疗领域的应用，在确保患者身份的同时，也可以对医生、护士身份进行确认。还可以用于对患者健康状况的监控，通过识别患者的面部表情来判断他们的情绪和痛苦程度。

3. 教育领域

在学校中，人脸识别被应用于识别教师和学生的身份，学生的出勤情况，有利于培养学生的自律性和责任感，也可以提高学校的管理效率和管理水平，还可以通过学生的听课表情，分析教师的教学和学生的听课效果。

4. 营销领域

人脸识别技术在市场营销中有多种应用方式，包括但不限于以下几种：

1）顾客识别和个性化推荐：利用人脸识别技术，商家可以识别顾客身份，并了解其消费习惯、偏好等信息，从而提供个性化的服务和推荐，提高购买率和客户满意度。

2）门店智能化管理：人脸识别技术可以用于门店的智能化管理，包括顾客流量统计、顾客行为分析、安全监控等。商家可以根据顾客的人流情况和停留时间调整商品陈列和促销策略，提升销售效率。

3）顾客身份验证和支付：人脸识别技术可以用于顾客身份验证和支付，提高支付的便捷性和安全性。一些商家已经开始尝试利用人脸支付技术，省去了携带信用卡或现金的麻烦。

4）营销活动互动体验：在营销活动中，人脸识别技术可以用于提供互动体验。例如，通过人脸识别技术将顾客的面部特征融入品牌的广告或活动中，增强顾客参与感和品牌认同感。为了利用人脸信息提供个性化服务，商家可以通过人脸识别技术，收集和分析顾客数据、建立个性化推荐系统、互动体验设计、安全和隐私保护等。

（三）网络应用

利用人脸识别辅助信用卡网络支付，如计算机登录、电子政务和电子商务。在电子商务中，交易全部在网上完成，电子政务中的很多审批流程也都在网上完成审批，避免了交易或者审批的授权的密码被盗，而无法保证安全的问题。如果使用人脸特征识别，则可以做到当事人在网上的数字身份和真实身份统一。从而大幅度增加电子商务和电子政务系统的可靠性和安全性。

二、人脸识别技术相关的法律法规

随着信息技术飞速发展，人脸识别逐步渗透到人们生活的方方面面。人脸识别技术在诸多领域发挥着巨大作用的同时，也存在被滥用的情况，故最高人民法院发布司法解释，对人脸识别进行规范。

2021 年 7 月 28 日，《最高人民法院关于审理使用人脸识别技术处理个人信息相关民事案件适用法律若干问题的规定》正式发布。《规定》明确："物业服务企业或者其他建筑物管理人以人脸识别作为业主或者物业使用人出入物业服务区域的唯一验证方式，不同意的业主或者物业使用人请求其提供其他合理验证方式的，人民法院依法予以支持。"随着人脸识别技术广泛用于现实生活，民众对其被滥用的担心也不断增加。《规定》将未经自然人或其监护人单独同意的人脸信息采集行为明确界定为侵权，为公民对其人格权益保护提供了法律依据。

2021 年 8 月 20 日，十三届全国人大常委会第三十次会议表决通过《中华人民共和国个人信息保护法》，自 2021 年 11 月 1 日起施行。针对滥用人脸识别技术问题，本法要求在公共场所安装图像采集、个人身份识别设备，应设置显著的提示标识；所收集的个人图像、身份识别信息只能用于维护公共安全的目的。

2021 年 11 月 14 日，国家网信办公布《网络数据安全管理条例（征求意见稿）》，征求意见稿提出，数据处理者利用生物特征进行个人身份认证的，应当对必要性、安全性进行风险评估，不得将人脸、步态、指纹、虹膜、声纹等生物特征作为唯一的个人身份认证方式，以强制个人同意收集其个人生物特征信息。

2023 年 8 月 8 日，为规范人脸识别技术应用，保护个人信息权益及其他人身和财产权益，维护社会秩序和公共安全，国家网信办发布《人脸识别技术应用安全管理规定（试行）（征求意见稿）》，向社会公开征求意见。

三、人脸识别技术驱动无人零售业时代到来

人脸识别作为当下最热门的人工智能技术，已经广泛应用在生产生活中的各个方面。而当人脸识别碰上历史悠久的零售行业，将产生怎样的火花？人脸识别在零售行业的应用又有哪些特别之处呢？

从传统的线下的商品买卖行为，俗称实体零售，到线下、线上结合的新零售，再到以互联网技术、物联网技术、人工智能技术等为主的智慧零售，全球零售业正在经历第三次变革。

在这场即将到来的以智慧零售为主导的第三次零售变革中，虚实结合成为最明显的标志。一方面以线下交易为主的实体零售如常进行中；另一方面以物联网技术、人工智能技术构建的虚拟零售网络基本形成，以人脸识别技术而构建的无人零售时代也正在到来，无人零售便利店如图 7-17 所示。

（一）人脸识别技术在零售业的应用

图 7-17 无人零售便利店

与人脸识别技术在其他领域的应用一样，人脸识别在零售行业的应用也大多以人脸识别门禁为主。但除了人脸开门外，人脸识别在智慧零售行业的全部过程，从感知预测消费者环节开始，到顾客选购环节进行相应的数据采集分析，以及付款环节的人脸身份（Face ID）支付，形成一个完整的闭环。诸如自动推荐商品、个人爱好记录、买卖成交、智慧人脸支付、结账回单、用户评价等综合应用，实现了真正的智慧控制。

通过机器视觉和深度学习将用户身份与其行为习惯进行匹配，可以实现预测消费行为、推荐喜好物品等能力，也就是新零售所提出来的“千人千面”概念。在零售行业的支付环节，人脸支付已经成为趋势，支付宝、微信、银联都开始着手布局，通过三维机器视觉可以保障支付安全以及金融账户的安全。

而随着视频监控的大规模应用，以人脸识别技术为中心而展开的智能视频分析技术也开始应用在零售行业中，用来辅助商超的安全与业务管理，逐渐成了零售行业中较为智能的应用。通过人脸识别等技术对购买者进行微表情分析、心理分析甚至是购买行为分析，不仅提高了“千人千面”的转化率，通过技术分析，还为商家提供了热销商品和滞销商品的储存量提供了可靠的智能信息，且进一步保障了商超产品的安全。

撇开人脸识别将涉及的隐私问题不谈，以上提及的人脸识别技术在零售行业的应用助力传统商铺的智慧升级，也为新零售下的无人商铺（无人超市）构建起了一套标准的技术体系。

（二）三维人脸识别技术成为无人零售的关键技术

人脸识别技术是一种依据人脸面部特征自动进行身份鉴别的生物识别技术，具有防作伪、不易假冒、识别准确度高、直观性突出等特点。目前安防监控市场上主流的视频结构化服务都是基于传统的二维视频流，这是由于传统的安防网络相机仅能提供二维场景数据，所以二维人脸识别技术为普遍使用的技术。

但由于二维人脸识别利用的是人脸纹理在平面上的投影信息，视频分析结果会受到局部遮挡、光照等因素的影响，服务鲁棒性很差，从而产生误识误拒率高等诸多问题，在安防领域的诸多实际应用中有很大的局限性。更重要的是，二维人脸识别的防伪能力比较薄弱，图像、动态视频、高仿真面具破解人脸识别验证的事件时有发生，对于安全性能要求不是十分精确的场合，其误识率可在允许的指标之内，但是作为商品和金钱交易这种对安全性要求较高的领域，二维人脸识别就无法满足安全责任和金融误识率允许的范围。故在无人零售领域，三维人脸识别由此逐渐被重视了起来。

三维人脸识别技术不仅可以提供传统的二维人脸信息，更加入了人脸的纹理和几何特征，包含了人脸的全部信息，还能额外提供真实场景的深度信息，因此识别效果比二维识别有大幅度的提升，并且受光照、角度、表情的影响较小。

相较于二维人脸识别，三维人脸识别技术增加了深度数据的采集。通过深度数据可以计算出活动目标人体的大小、移动方向、速度，并重点突破目标跟踪中的交叠问题，从而有效地提取目标人物身高、体型、步态特征。同时，可以充分利用彩色信息与深度数据之间的优势互补，突破当前二维技术的局限，准确地获取人体身高、人体三维体貌、监控场景内目标人体的三维轮廓、目标人体之间的前后位置关系等信息等更准确的信息，也因此成了无人零售的关键技术。

（三）无人零售的未来

无人零售之所以成了一门生意，除了人脸识别技术的发展，主要还得益于移动支付、机器视觉、RFID 电子标签等技术，以及多路智能摄像头、传感器等新设备的发展，就目前而言，RFID 电子标签技术相对成熟，而较之难度较大的人脸识别技术还有许多难题需要攻克。不久的将来，更加便捷、更加安全的无人超市将会使消费者进入新的消费领域，无人超市如图 7-18 所示。

图 7-18　无人超市

展望无人零售的未来，机器视觉感知技术必将成为其核心技术。其中，通过融合多种传感器，构建大数据支撑下的精准身份管控与轨迹行为分析及预测。进而实现实体空间中对于人的身份行为轨迹细粒度的数据化和数字化，未来三维机器视觉将全面取代现有二维视觉领域，最终实现大数据认知决策智能，赋能多种行业，用三维重新定义零售世界。

市场调查机构 Market Sandmar Kets 最新报告指出，全球智慧零售市场预计未来前景将一片大好。尽管在当下的智慧零售行业中，服务机器人是该市场的主力军。但可以预见的是，随着智慧零售定义的不断拓展，以及人脸识别技术的发展，具有人脸识别功能的服务机器人将依旧主导智慧零售的硬件设备市场，而人脸识别技术也有望成为智慧零售行业的核心软件技术。

附　录

附录 A　本书名词术语及解释

1. 比特（Bit）

二进制位的简称，二进制代码数据中最小的信息单元。

2. 波特（Baud）

数据传输中一种传输速率的计数单位。对二进制的数字传输而言，1 波特 = 1 比特/秒。

3. 数据（Data）

一连串由代码来表示的字符所组成的信息，由机器进行处理。

4. 二进制（Binary System）

只用两个规定的状态，例如“0”和“1”“是”或“非”“真”或“假”来工作的术语。

5. 代码（Code）

一种由字符表表示的字符转换到另一种指定组合的规律或约定。也可以是一种格式，此格式代表着信息，例如“二进制代码”。

6. 编码（Code）

在计算机硬件中，编码是在一个主题或单元上储存数据，为达到管理和分析的目的而将信息转换为编码值（典型的如数字）的过程。在软件中，编码意味着使用一个特定的逻辑语言（如 C 或 C + +）来执行一个程序。在密码学中，编码是指在编码或密码中写的行为。

n 位二进制数可以组合成 2 的 n 次方个不同的信息，给每个信息规定一个具体码组，这种过程也叫作编码。

7. 中央处理单元（Central Processing Unit，CPU）

也称作中央处理器，它包括算术和控制单元，主存储器和专门的寄存器组（连接外部设备、电源和机箱的输入/输出通道）。

8. 存储器（Storage）

存储器是一种利用半导体、磁性介质等技术制成的用来存储数据的电子设备。

存储器的主要功能是存储程序和各种数据，并能在计算机运行过程中高速、自动地完成程序或数据的存取，有了存储器，计算机才有记忆功能，从而保证正常工作。计算机中的存储器按用途存储器可分为主存储器和辅助存储器，也有分为外部存储器和内部存储器的分类方法。

9. 寄存器（Register）

寄存器是集成电路中非常重要的一种储存单元，通常由触发器组成。在集成电路设计中，寄存器可分为电路内部使用的寄存器和充当内外部接口的寄存器这两类。内部寄存器不能被外部电路或软件访问，只是为内部电路实现储存功能或满足电路的时序要求。而接口寄存器可以同时被内部电路和外部电路或软件访问，CPU 中的寄存器就是其中一种，作为软硬件的接口，为广泛的通用编程用户所熟知。

在计算机领域，寄存器是 CPU 内部的元件，包括通用寄存器、专用寄存器和控制寄存器。寄存器拥有非常快的读写速度，所以在寄存器之间的数据传送非常快。

10. 数据传输（Data Transmission）

数据传输就是依照适当的规程，经过一条或多条链路，在数据源和数据库之间传送数据的过程，分为并行传输、串行传输、异步传输、同步传输、单工传输。

11. 流程图（Flow Chart）

流程图是使用图形表示算法的思路的方法。是以特定的图形符号加上说明来表示算法的图，称为流程图或框图。

12. 算法逻辑图（Algorithm Logic Diagram）

设计算法是程序设计的核心。这其中以特定的图形符号加上说明来表示算法逻辑的图，称为算法逻辑图。

计算机语言只是一种工具。光学习语言的规则还不够，最重要的是要针对各种类型的问题，拟定出有效的解决方法和步骤，即算法。有了正确而有效的算法，可以利用任何一种计算机高级语言编写程序，使计算机进行工作。

13. 数据流程图（Data Flow Diagram）

数据流程图是将数据的采集、输入、处理、加工和输出的全过程，用规定的图形符号加上说明的图形表示方法。

14. 多谐振荡器（Multivibrator）

多谐振荡器是一种能产生矩形波的自激振荡器，也称为矩形波发生器。

多谐振荡器利用深度正反馈，通过阻容耦合使两个电子器件交替导通与截止，从而自激产生方波输出，常用作方波发生器。

15. （半导体）发光二极管照明 [（Semiconductor） Light - Emitting Diode Lighting，LED]

采用半导体发光二极管（LED）作为光源的照明方式。

16. 光环境（Light Environment）

由光（照度水平和分布、照明的形式）和颜色（色调、色饱和度、颜色分布、颜色显现）在室内建立的与室内形状有关的生理和心理环境。

17. 可见光全光谱（Visible Light Full Spectrum）

可见光全光谱是接近太阳光光谱中的可见光光谱，根据需求将自然光的优点最大化及人工光源的缺点最小化，其光谱特性具有由红到蓝（400～700nm）的连续光带的光谱功率分布曲线，类似于相同色温的太阳光光谱中可见光光谱的光功率分布。

18. 静态结电容的初始值（Initial Value of the Static Junction Capacitance）

发光二极管不经过老化，且在不通电的状态下，其两端所测得的电容值。

注：以 F（法拉）或 μF（微法拉）、nF（纤法拉）、pF（沙法拉）表示。

19. 参考平面（Reference Surface）

测量或规定照度的平面。

20. 工作面（Working Face）

对医疗机构而言，即为各个不同科室或医疗技术场所在进行操作时所必须具备的活动空间，称为该工种的工作面。

21. 窗地面积比（Ratio of Window Glass to Floor Area）

窗洞口面积与地面面积之比。对于侧面采光，应为参考平面以上的窗洞口面积。

22. 管理平台（Management Platform）

对智慧照明系统的相关配置和设备进行运行、监测、控制、数据及信息处理、维护的硬件和软件的管理系统。

23. 光辐射轴线（Axis of Light Radiation）

其周围的光强度分布大体呈对称状态的轴线。

注：1）光束轴线不一定与通过灯头的灯轴线或垂直于边沿基准面的灯轴线相同。

2）假定目视确定对称状态时，误差很小可以忽略不计。

24. 视觉环境（Visual Environment）

视野中除观察目标以外的周围部分称为视觉环境。

25. 视觉照明（Visual Lighting）

为达到使被照射的场景、物体及其环境可以被看见的目的的照明。

26. 非视觉照明（Non - Visual Lighting）

不为达到使被照射的场景、物体及其环境可以被看见的目的，而是为实现其他生物效应或特殊要求的照明。

27. 移动通信基站（Mobile Communication Base Station）

移动通信基站是指在一定的无线电覆盖区域中，通过移动通信交换中心，与移动电话终端之间进行信息传递的无线电收发信电台。基站在 GSM 网络中直接影响网络的通信质量。GSM 赋予基站的无线组网特性，使基站的实现形式可以为宏蜂窝、微蜂窝、微微蜂窝及室内、室外型基站，无线频率资源的限制又使人们更充分地发展着基站的不同应用形式来增强覆盖，如远端 TRX、分布天线系统、光纤分路系统、直放站等。

28. 可见光通信（Visible Light Communication）

无线电通信和光通信的一种，是指利用可见光波段的光作为信息载体，不使用光纤等有线信道的传输介质，而在空气中直接传输光信号的通信方式，简称为 VLC。

29. 通信协议（Communication Protocol）

指通信双方完成通信或服务所必须遵循的规则和约定。协议应约定数据单元使用的格式、信息单元应该包含的信息与含义、同步方式、连接及传送方式、传送速度和步骤、信息发送和接收的时段、检查和纠错方式等的统一规定，通信双方必须共同遵守，从而确保网络中的数据能够顺利地传送到确定的地方。在计算机通信中，通信协议即为实现计算机与网络连接之间的标准。网络如果没有统一的通信协议，那么计算机之间的信息传递就无法识别。可以简单地理解为各计算机之间进行相互会话所使用的共同语言。

30. 场景照明（Scene Lighting）

场景照明也称为情景照明。以人们对场所环境的需求为出发点，利用适当的光源，制作可以调节照明色温和照度的人工灯光照明技术。旨在营造一种光照环境，去烘托场景效果，使人感觉到有场景氛围的照明。

31. 场景模式控制（Scene Mode Control）

场景模式照明是以场所为出发点，旨在营造一种光照环境，去烘托场景效果，使人感觉到有场景氛围的照明。一般用以下三个基本功能来分析 LED 照明在场景照明时的特点：①环境光，提供背景照明；②焦点光，提供局部的、重点的照明；③光源表现，通过灯光的亮度、色彩、动感变化、角度变化创造照明情景的氛围。

32. 医疗照明（Medical Lighting）

用于医疗机构的特殊照明，除视觉照明外，主要还包含检查照明、手术照明等。

33. 健康照明（Healthful Lighting）

利用符合光生物安全的人工光源，营造满足照明品质及非视觉效应要求，并实现良好可见度和舒适愉快环境的照明应用。

34. 洁净照明（Clean Lighting）

在照明系统中无微粒子散落、无有害物质、无细菌等污染物，使洁净室内的温升、洁净度、室内噪声振动及静电控制在某一需求范围内，而所给予特别设计的照明系统。

35. 抑菌照明（Bacteriostatic Lighting）

抑制细菌和真菌的生长繁殖的照明。

注：频谱为 λ 的光源在额定光功率为 P_L，在一定照射距离 B 范围内，照射时间为 t 时，灭菌率达到60%以上的灯具（或光源）为抑菌照明。其主要作用是抑制细菌和真菌的生长繁殖。

36. 蓝光危害等级（Blue Light Hazard Level）

蓝光危害是指由波长385~445nm范围内蓝光的辐照亮度，达到标准规定的2类或者3类时，会在较短的时间或瞬间的光化学诱导对人眼造成视网膜效能的伤害。

附：蓝光危害等级：依据GB/T 20145—2006，蓝光视网膜危害可分类为：

1）无危险（0类）（蓝光辐射亮度≤100W·m^{-2}·sr^{-1}），记作：RG0，无危害类的科学基础是灯对于本标准在极限条件下也不造成任何光生物危害；

2）低危险（1类）（蓝光辐射亮度≤1×10^4W·m^{-2}·sr^{-1}），记作：RG1，在曝光正常条件限定下，灯不产生危害；

3）中危险（2类）（蓝光辐射亮度≤4×10^6W·m^{-2}·sr^{-1}），记作：RG2，灯不产生对强光和温度的不适反映的危害；

4）高危险（3类）（蓝光辐射亮度>4×10^6W·m^{-2}·sr^{-1}），记作：RG3，灯在更短瞬间造成危害。

37. 发绀（Cyanosis）

医学名词。接近皮肤表面的血管出现脱氧后的血红蛋白，令皮肤带有青色的症状叫作发绀。通常人体的毛细血管血液中脱氧后的血红蛋白超过50g/L，就可形成发绀症状，发绀症状会使人体的某些部位出现紫色，又称为紫绀。

38. 发绀观察指数（Cyanosis Observation Index，COI）

医学名词。用于视觉检测发绀的出现或开始，对光源的适用性进行排序的指标。其值越低，光源越适合用于检测发绀症状。

注：COI的表示方法为：当人体的毛细血管血液中脱氧后的血红蛋白为50g/L时，记作COI=5.0。医疗光源对COI的要求通常为COI≤3.2，即当人体的毛细血管血液中脱氧后的血红蛋白为32g/L时，通过医疗光源可以观察到发绀颜色。对应于对光源的要求为：在R1至R8的平均显色指数Ra不小于90的前提下，饱和色R9至R15的值Re必须大于零。

附：R9至R15的颜色也叫作特殊显色指数，颜色为：R9，饱和红色；R10，饱和黄色；R11，饱和绿色；R12，饱和蓝色；R13，白种人肤色；R14，树叶绿；R15，黄种人肤色。

39. 校园照明（Campus Lighting）

在校园区域内的室内和室外各种需要照明的活动场所的照明系统的总称。

40. 校园智慧照明系统（Smart Lighting System on Campus）

利用物联网技术，采用有线（无线）通信技术或电力载波通信技术，嵌入式计算机智能化信息处理技术，以及节能控制等组成的时间分布式和（或）空间分布式照明控制系统，以实现对学校校园内的室内照明、室外照明及公共场所照明设备的智慧化控制。

41. 表面反射率（Surface Reflectance）

物体表面反射的辐射能量占总辐射能量的百分比。

42. 表面照度（Surface Illumination）

非照明任务的物体表面的照度值。

43. 波动深度（Fluctuation Depth）

波动深度为光在输出的一个周期内，光输出最大值和最小值的差与光输出最大值和最小值的和的比值，以百分比表示。波动深度（%）$=(A_{max}-A_{min})/(A_{max}+A_{min})\times100\%$（式中，$A_{max}$为光输出最大值，$A_{min}$为光输出最小值）。

44. 采光系数（Daylight Factor）

在室内参考平面上的一点，由直接或间接地接收来自假定和已知天空亮度分布的天空漫射光而产生的照度与同一时刻该天空半球在室外无遮挡水平面上产生的天空漫射光照度之比。

45. 时间分割式照度控制（Time - Divided Illumination Control，CTD）

由于医疗机构各个系统在不同时段对照明的不同需求，将不同的时间片段定义为不同的名称，即为时间分割，按时序照度控制照明的照度值。可将一天按所需要的照度不同而分为多个不同的时序，而各个时序的天然光源对目标区产生的照度值也在不断变化。将日常各个时序目标区域的照度需求值设定为目标值，对各个时序天然光源对目标区域的实际照度值进行实时检测。当两者的差值为正值时，表示需要照明灯具补充照明，则启动照明灯具并达到一定的照度，使之与天然光源产生的照度叠加值达到目标值；当两者的差值为负值时，表示需要降低天然光源对目标区域产生的照度值，则需启动窗帘进行部分遮光，并达到一定的遮光度，使天然光源产生的照度达到目标值。

46. 显色性（Colour Rendering）

与参考标准相比较，光源显现物体颜色的特性。

注：根据国际照明委员会（CIE）的推荐，把黑体（普朗克）作为低色温光源的参照标准，把标准施照体 D 作为高光源的参照标准，用于衡量在其他各种光源照明下的颜色效果。

47. 显色指数（Color Rendering Index，Ra）

显色指数是光源显色性的度量。以被测光源下物体颜色与参考标准光源下物体颜色的相符合程度来表示。国际照明委员会（CIE）推荐，用一个色温接近于待测光源的普朗克辐射体作为参照光源，并将其显色指数定为100，用八个孟塞尔（Munsell）色片做测色样品。光源的显色指数越高，其显色性越好。八个色片各有一个显色指数，平均起来便是一个总显色指数Ra。

48. LED灯具寿命（LED Lamp Life）

LED灯具在额定工作条件下，其光通量（照度或发光效率）衰减到初始值70%时所累积使用的时间，或者至灯具发生异常或不能正常启动所经历的时间。注：以小时（h）表示。

49. 智慧交通（Intelligent Transportation，ITMS）

在交通领域中充分运用大数据、云计算、物联网、人工智能、自动控制、移动互联网等技术，通过高新技术汇集交通信息，对交通管理、交通运输、公众出行等交通领域全方位以及全过程进行管控支撑的系统。使交通系统在区域、城市甚至更大的时空范围具备感知、互联、分析、预测、控制等能力，以充分保障交通安全、发挥交通基础设施效能、提升交通系统运行效率和管理水平，为通畅的公众出行和可持续的经济发展服务。

50. 能见度（Visibility）

能见度是反映大气透明度的一个指标。指物体能被正常视力看到的最远距离，也指物体在一定距离时被正常视力看到的清晰程度。在专业术语中也称为水平能见度或空气能见度。符号为V，单位为m或者km。

51. 接近段（Access Zone）

在隧道照明中，隧道入口外一个停车视距的长度段。

52. 入口段（Threshold Zone）

在隧道照明中，进入隧道的第一照明段，是使驾驶员视觉适应由洞外高亮度环境向洞内过渡设置的照明段。

53. 过渡段（Transition Zone）

在隧道照明中，隧道入口段与中间段之间的照明段，是使驾驶员视觉适应由隧道入口段洞内低亮度过渡设置的照明段。

54. 中间段（Interior Zone）

在隧道照明中，隧道内沿行车方向连接入口段或过渡段的照明段，是为驾驶员行车提供最低亮度的照明段。

55. 出口段（Exit Zone）

在隧道照明中，隧道内靠近隧道行车出口的照明段，是使驾驶员视觉适应洞内低亮度过渡向洞外亮度设置的照明段。

56. 闪烁（Flicker）

是因亮度或光谱分布随时间波动的光刺激引起的不稳定的视觉现象，其指标包括波动深度和频闪指数。

57. 频闪效应（Stroboscopic Effect）

频闪效应是在以一定频率变化的光照射下，使人们观察到的物体运动显现出不同于其实际运动的现象，频闪效应是由光源的闪烁而引起的。

58. 频闪指数（Stroboscopic Index，IS）

一个周期的平均光输出线以上的面积除以光输出曲线的总面积，即 Q_1 区域的面积与 Q_1 和 Q_2 区域面积之和的比。

频闪指数计算：$IS = S_{Q1}/(S_{Q1} + S_{Q2})$

式中，S_{Q1}为一个周期内平均光输出线以上曲线的总面积，S_{Q2}为一个周期内平均光输出线以下曲线的总面积。

59. 色饱和度（Color Saturation）

色饱和度也称作色纯度，是指彩色的纯洁性。在 $x-y$ 色度图中，光谱色轨迹所代表的各种波长的单色光，将其纯度最高的色饱和度规定为100%。色度图内各点所代表的某一种颜色，被认为是由某一波长的单色光和白光混合而成，越靠近白点，所混白色越多，其色饱和度也越低。

60. 宣称寿命（Profess Life，Tc）

宣称寿命也称为寿命期望值或预期寿命。由照明产品制造商或供应商所承诺的使用寿命。而不是实际检测的照明产品在额定条件下，光通量或光照度衰减到初始值的70%时的工作时间。

注：宣称寿命用小时（h）表示。

61. 照度控制（Intensity of Illumination Control）

采用智能控制方法对光照强度（单位面积上所接收可见光的能量，简称照度）进行控制，使光照强弱和物体表面积被照明程度达到设计值的过程。

62. 相关色温控制（Correlated Color Temperature Control）

在LED照明中，当光源为R/G/B合成白光时，采用智能控制方法，对流过不同LED的电流大小的比例进行调整控制，使其发光颜色落在色品图的黑体温度轨迹上，即达到一定的黑体发光颜色的过程。

63. 照明的总控制系统（Master Control System for Lighting，CMS）

在机构系统的照明控制中，对整体照明系统通过智能照明控制平台或照明信息控制中心进行控制和对照明系统运行数据的收集、处理的方法。

64. 照明的系统控制（System Control of Lighting，CSY）

在机构系统的照明控制中，按照不同的系统具有一定关联的场合，分别进行集中控制的方法。

65. 照明智能控制系统（Street Lamp Intelligent Control System）

用于照明灯具的自动控制，并具有遥感、遥控、遥测或遥信功能的系统装置。

66. 背景光照度控制照明（Background Illumination Control Lighting，CBI）

采用光传感器，即光敏二极管将光照度大小转换成电信号的一种传感器控制的照明，其输出数值计量单位为 lx。

67. 智慧网关（Intelligent Gateway）

系统自动实现数据和信息的采集、输入、输出、控制，感知网络接入、异常网络判别和数据、信息的标准化的装置。

附录 B　与本书相关的技术标准

GB 19510.1—2009　灯的控制装置　第 1 部分：一般要求和安全要求

GB 19510.14—2009　灯的控制装置　第 14 部分：LED 模块用直流或交流电子控制装置的特殊要求

GB 30255—2019　室内照明用 LED 产品能效限定值及能效等级

GB 37478—2019　道路和隧道照明用 LED 灯具能效等级限定值及能效等级

GB/T 4208—2008　外壳防护等级（IP 代码）

GB 50009—2012　建筑结构荷载规范

GB 50034—2013　建筑照明设计标准

GB 50099—2011　中小学校设计规范

GB 50260—2013　电力设施抗震设计规范

GB 50303—2015　建筑电气工程施工质量验收规范

GB 50314—2015　智能建筑设计标准

GB 50333—2013　医院洁净手术部建筑技术规范

GB 50582—2010　室外作业场地照明设计标准

GB 50617—2010　建筑电气照明装置施工与验收规范

GB 50686—2011　传染病医院建筑施工及验收规范

GB 50849—2014　传染病医院建筑设计规范

GB 51039—2014　综合医院建筑设计规范

GB 51058—2014　精神专科医院建筑设计规范

GB 51348—2019　民用建筑电气设计标准（共二册）

GB 7000.1—2015　灯具　第 1 部分：一般要求与试验

GB 7000.255—2008　灯具　第 2 - 25 部分：特殊要求　医院和康复大楼诊所用灯具

GB 7000.201—2008　灯具　第 2 - 1 部分：特殊要求　固定式通用灯具

GB 7000.202—2008　灯具　第 2 - 2 部分：特殊要求　嵌入式灯具

GB 7000.203—2013 灯具 第 2-3 部分：特别要求 道路与街路照明灯具

GB/T 9254.1—2021 信息技术设备、多媒体设备和接收机 电磁兼容 第 1 部分：发射要求

GB/T 9254.2—2021 信息技术设备、多媒体设备和接收机 电磁兼容 第 2 部分：抗扰度要求

GB 17625.1—2012 电磁兼容 限值 谐波电流发射限值（设备每相电流输入≤16A）

GB/T 17625.2—2007 电磁兼容 限值 对每相额定电流≤16A 且无条件接入的设备在公用低压供电系统中产生的电压变化、电压波动和闪烁的限制

GB/T 17626.5—2019 电磁兼容 试验和测量技术 浪涌（冲击）抗扰度试验

GB/T 17743—2021 电气照明和类似设备的无线电骚扰特性的限值和测量方法

GB/T 18595—2014 一般照明用设备电磁兼容抗扰度要求

GB/T 191—2008 包装储运图示标志

GB/T 20145—2006 灯和灯系统的光生物安全性

GB/T 20269—2006 信息安全技术 信息系统安全管理要求

GB/T 22239—2019 信息安全技术 网络安全等级保护基本要求

GB/T 2423.1—2008 电工电子产品环境试验 第 2 部分：试验方法 试验 C：低温

GB/T 2423.10—2019 环境试验 第 2 部分：试验方法 试验 Fc：振动（正弦）

GB/T 2423.17—2008 电工电子产品环境试验 第 2 部分：试验方法 试验 Ka：盐雾

GB/T 2423.18—2012 环境试验 第 2 部分：试验方法 试验 Kb：盐雾，交变（氯化钠溶液）

GB/T 2423.2—2008 电工电子产品环境试验 第 2 部分：试验方法 试验 B：高温

GB/T 2423.22—2012 环境试验 第 2 部分：试验方法 试验 N：温度变化

GB/T 2423.3—2016 环境试验 第 2 部分：试验方法 试验 Cab：恒定湿热试验

GB/T 2423.7—2018 环境试验 第 2 部分：试验方法 试验 Ec：粗率操作造成的冲击（主要用于设备型样品）

GB/T 24824—2009 普通照明用 LED 模块测试方法

GB/T 24825—2022 LED 模块用直流或交流电子控制装置 性能规范

GB/T 24826—2016 普通照明用 LED 产品和相关设备 术语和定义

GB/T 24827—2015 道路与街路照明路灯性能要求

GB/T 26125—2011 电子电气产品 六种限用物质（铅、汞、镉、六价铬、多溴联苯和多溴二苯醚）的测定

GB/T 26572—2011　电子电气产品中限用物质的限量要求

GB/T 2828.1—2012　计数抽样检验程序　第1部分：按接收质量限（AQL）检索的逐批检验抽样计划

GB/T 2829—2002　周期检验计数抽样程序及表（适用于对过程稳定性的检验）

GB/T 2900.65—2023　电工术语　照明

GB/T 30255—2019　室内照明用LED产品能效限定值及能效等级

GB/T 31275—2020　照明设备对人体电磁辐射的评价

GB/T 31831—2015　LED室内照明应用技术要求

GB/T 31897.201—2016　灯具性能　第2-1部分：LED灯具特殊要求

GB/T 33673—2017　水平能见度等级

GB/T 34034—2017　普通照明用LED产品光辐射安全要求

GB/T 36876—2018　中小学校普通教室照明设计安装卫生要求

GB/T 37478—2019　道路和隧道照明用LED灯具能效限定值及能效等级

GB/T 50034—2013　建筑照明设计标准

GB/T 51153—2015　绿色医院建筑评价标准

GB/T 5699—2017　采光测量方法

T/SZSA 027.1—2020　室外道路智慧照明技术规范　第1部分：城市道路照明用LED路灯

T/SZSA 027.2—2020　室外道路智慧照明技术规范　第2部分：公路照明用LED路灯

T/SZSA 027.3—2020　室外道路智慧照明技术规范　第3部分：公路隧道照明用LED隧道灯

T/SZZM 001.1—2022　中小学校智慧照明技术规范　第1部分：教室智慧照明

T/SZZM 001.2—2022　中小学校智慧照明技术规范　第2部分：校园智慧照明

T/SZSA 030.1—2021　医院及医疗机构建筑空间照明技术规范　第1部分：总规范

T/SZSA 030.2—2021　医院及医疗机构建筑空间照明技术规范　第2部分：安装与维护

T/SZSA 030.3—2021　医院及医疗机构建筑空间照明技术规范　第3部分：检测和认证

T/SZSA 030.4—2021　医院及医疗机构建筑空间照明技术规范　第4部分：照明的智能控制

JGJ/T 119—2008　建筑照明术语标准

QX/T 47—2007　地面气象观测规范　第3部分：气象能见度观测

YD/T 1429—2006　通信局（站）在用防雷系统的技术要求和检测方法

参考文献

[1] 教育部等八部门. 教育部第八部门关于印发《综合防控儿童青少年近视实施方案》的通知［R］.（2018－08－30）.

[2] 中交第二公路勘察设计研究院有限公司. 公路隧道设计细则［M］. 北京：人民交通出版社，2010.